U0206452

ESG在中国

趋势与实践

陈靖
朱菲菲
李惠璇
— 著 —

ESG IN CHINA

Trends and Practices

中国社会科学出版社

图书在版编目（CIP）数据

ESG在中国：趋势与实践 / 陈靖，朱菲菲，李惠璇著．-- 北京：中国社会科学出版社，2024. 6. -- ISBN 978-7-5227-3972-4

Ⅰ．X322. 2

中国国家版本馆CIP数据核字第2024BT1944号

出 版 人 赵剑英
责任编辑 谢欣露
责任校对 周晓东
责任印制 王 超

出 版 中国社会科学出版社
社 址 北京鼓楼西大街甲158号
邮 编 100720
网 址 http://www.csspw.cn
发 行 部 010-84083685
门 市 部 010-84029450
经 销 新华书店及其他书店

印 刷 北京明恒达印务有限公司
装 订 廊坊市广阳区广增装订厂
版 次 2024年6月第1版
印 次 2024年6月第1次印刷

开 本 710×1000 1/16
印 张 14. 5
字 数 216千字
定 价 78. 00元

前　言

2019年，中国的人均GDP达到10276美元，迈入万美元社会。从20世纪90年代野蛮生长的初步工业化、初步城市化社会，到城镇化率在2019年突破60%，服务业增加值占GDP的比重增至54%，丰裕社会经济增长的逻辑和生产生活的关注点，开始变得不同。中国人对环境更加挑剔，对生产的负面影响容忍度更低，对社区治理水平要求更高。

在经济发展结构性变化和人民需求两条线的共同驱动下，党中央围绕碳达峰碳中和、乡村振兴、共同富裕、环境治理、社会公平、养老体系建设等重大议题，加强顶层设计、出台相关政策举措。党的十九大报告首次明确，中国经济发展已由“高速增长阶段”转向“高质量发展阶段”。2020年11月，党的十九届五中全会提出，“十四五”时期经济社会发展要以推动高质量发展为主题。2020年9月，中国向世界庄严宣告，作为负责任的世界大国，中国二氧化碳排放力争于2030年前达到碳峰值，努力争取2060年实现碳中和，实现双碳目标。

中国社会科学院的张斌教授在《从制造到服务：结构转型期的宏观经济学》一书中提到，技术和偏好变化是经济活动中的慢变量，是决定方向的最重要变量。这种对于高质量发展的偏好变化，也是更早迈入中高收入国家的经济发展路径。20世纪六七十年代，美国、日本、英国相继迈入人均GDP超过10000美元的社会，西方国家开始反思工业文明导致的严重环境问题、社会问题。随着这一时期公众环保运动、反战运动、反种族隔离运动的兴起，资产管理行业催生了与ESG相关的投资理念，开始强调在投资实践中考虑社会责任、商业道德、环境保护等因素。

20 世纪 70 年代，大量企业信奉经济学家弗里德曼的理论，认为企业唯一的责任就是赚钱，社会责任是政府和社区的事。但是到了今天，企业和资本市场不断成长，企业对于政府提供的 ESG 公共产品的补足作用，以及企业在提供公共产品方面的高效率，正在被越来越多的人意识到，并且直接影响投资者对私人企业价值的判断。从 1965 年第一只伦理基金 AkiteAnsvar 开始，全球的 ESG 投资实践至今方兴未艾。

ESG 由三个英文词缩写组成，E 代表环境（Environmental），S 代表社会（Social），G 代表治理（Governance）。ESG 是一种开放包容的投资理念和企业评价标准，关注企业环境、社会、治理绩效。投资者有意识地努力创造一个改善环境、社会和治理（ESG）条件的资本市场环境，奖励可以提供更好的环境、肩负更多社会责任、有更好治理方式的企业。它能评估企业在促进经济可持续发展、履行社会责任方面的贡献，将公共利益引入公司价值体系，推动企业治理和长期价值增长。

新形势下，ESG 行动成为平衡全球高质量发展目标的具体落地框架，也是全球越来越广泛的共识。2018 年瑞典皇家科学院宣布将诺贝尔经济学奖授予威廉·诺德豪斯（William D. Nordhaus）和保罗·罗默（Paul M. Romer）。两位学者在这个时候的获奖，正凸显了困扰全球的两大问题：经济的长期可持续增长和世界人民的福利。奖项表彰两人将技术创新和气候变化引入长期宏观经济模型分析框架所作出的贡献，也体现了我们这个时代，对当前最紧迫问题解决方案的共同关注——“诺德豪斯和罗默均设计了新的研究方法以解决我们时代最基础、最紧迫的问题，探究如何创造长期持续而稳定的经济增长”。

作为一种综合关注企业环境、社会、治理绩效的框架体系和经营理念，ESG 既符合中国政策层提出的“高质量发展”方向，也是中西方经济发展过程中为数不多的共同话语体系。在中国 ESG 发展进程中，ESG 理念成了投资机构衡量企业商业模式和价值的普遍标准，越来越多的资产管理公司和投资基金把 ESG 纳入其投资策略和流程。

自2018年以来，以证监会发布的《上市公司治理准则》对ESG信息披露框架的引导为标志，投资、践行ESG准则在中国正式落地并快速发展。2023年，中国33.8%的上市企业公布了ESG报告，80%的投资机构践行ESG投资原则，融入ESG投资理念的资产规模为13.71万亿元，占资产管理总额的15%，其中绿色贷款规模占比超过80%。中国的ESG投资和实践发展趋势，也顺应着全球的步伐。预计到2025年，全球ESG资产总规模将达到53万亿美元，保持持续上涨势头。

ESG时代已经来临，不可能再往回走了。在社会发展需要、资本市场投资共识的影响下，企业必须改变，投资人也必须改变。

本书立足于中国市场的ESG实践和趋势捕捉，在第一章中，讨论中国市场面临的ESG议题、行动，并梳理了中国ESG行动的利益相关方情况。第二章从理论和实证文献中，拆解了ESG行动的本质和内生驱动力。该章从古典经济学的分析框架开始讨论公共产品提供问题，分析了ESG这种投资驱动的私人企业供给方式的可行性和挑战。第三章立足于企业实践，讨论了中国企业对ESG的真实理解，以及企业战略和业务对ESG行动框架的融合、执行情况。第四章从ESG信息披露角度，讨论了中国企业当前遵循的主要披露标准和具体行动。第五章从ESG评级角度，分析中国市场评级机构的实践，讨论企业ESG评级差异背后的原因以及未来趋势。第六章讨论了中国市场ESG投资概况、产品，以及当前的投资实践和挑战。第七章展望了中国ESG未来发展的五大趋势。

陈　靖　朱菲菲　李惠璇

目　　录

第一章　中国的 ESG 议题、行动和利益相关方

第一节　中国的 ESG 议题：共识和争议

尽管践行 ESG 行动成为中国政府、企业、投资机构的广泛共识，关于 ESG 的内涵和具体议题，中国学术界和产业界均存有大量争议。ESG 由三个英文词缩写组成，E 代表环境（Environmental），S 代表社会（Social），G 代表治理（Governance）。2004 年，联合国全球契约组织（UNGC）发布《关心者赢：连接金融市场与变化中的世界》（*Who Cares Wins：Connecting Financial Market to a Changing World*）（以下简称《关心者赢》）报告，首次正式提出 ESG 概念，倡导全球企业不只注重单一的盈利指标，而应从环境、社会责任和公司治理等多方面追求可持续发展。报告认为，企业之间相互关联和竞争更加激烈，环境、社会和公司治理成为影响公司能否成功竞争的重要因素。

在学术界，学者认为当前公开的 ESG 概念和行动框架存在许多模糊边界，在纳入信息类型、披露内容、适用范围等诸多方面界定模糊（操群和许骞，2019；彭雨晨，2023）。部分学者强调，ESG 行动是一种企业高效率治理机制，企业在考虑 ESG 行动的时候，需要融合企业发展特点（周艳爽，2023）。这些声音使 ESG 议题应该如何标准化，应该保留怎样的个性化，又应该有哪些中国特色始终存在争议。学者呼吁需要进一步明晰 ESG 的概念，借鉴国际先进经验，确定合理的金融治理目标，以实现金融机构自身利益和社会效益的协调。

在产业界，ESG 概念和行动框架的模糊性也时常被诟病。2022 年 11 月，瑞银集团董事长 Colm Kelleher 认为，ESG 投资的定义“松散”“没有真正统一”。他呼吁美国证券交易委员会和商品期货交易委员会等行业监管机构能将 ESG 行动进行“规范化”。Solutions 首席投资官 Richard Philbin 认为，ESG 是一个包罗万象的术语，没有明确的方法来准确比较每个品牌的基金。“ESG 不是一回事，因为 E 代表某物，S 代表某物，G 代表某物，然后……它们彼此之间并不完全一致。”

金融机构、企业虽然知道 ESG 是什么，但由于标准的缺失和难以统一，无论是在国内还是国际上，当前 ESG 议题和行动框架是一个什么都是，又什么都不是，边界模糊的命题，甚至导致投资者和企业进行反向迎合。正如 EPFR 数据总监 Ian Wilson 所说的：“看起来投资顾问开始在他们的招股说明书中加入措辞，使他们在投资选择中似乎遵循 SRI 原则”。其实，在 ESG 理念第一次被提及的时候，在《关心者赢》报告中，就已经反映了重大问题易确认，但边界模糊的问题。“我们避免使用可持续发展、企业公民等术语，以避免对这些术语的不同解释产生误解。我们宁愿详细说明作为本报告主题的环境、社会和治理问题。本报告侧重于对投资价值有或可能有重大影响的问题。它使用了比通常使用的更广泛的重要性定义——包括更长的时间跨度（10 年及以上）和影响公司价值的无形因素。”

我们认为，ESG 是一种开放包容的投资理念和企业评价标准，关注企业环境、社会、治理绩效。它体现了一种可持续、高质量发展的新发展理念，是这种新发展理念在资产管理领域落地的载体。尽管标准和细则的统一需要监管层和行业协会的进一步努力，但是对这种价值本身的评估、投资和追寻，是极其有价值的，它能评估企业在促进经济可持续发展、履行社会责任方面的贡献，将公共利益引入公司价值体系，推动公司治理能力提升和长期价值增长。

在中国的 ESG 议题上，从各大企业的披露情况、评级关注点和监管规定来看，在 E、S、G 三个维度关注和纳入考量的核心内容上，已经达成了一定共识，但每个维度的具体内容还存在一些争议。在中国，对比监管机构要求、评级机构衡量标准、多家上市公司的披露报告，我们发现在各个维度下，存在多标准之间的共识和争议点。比如在环境（E）这个维度下，绿色低碳、生物多样性和土地利用、节能减排就是多个 ESG 标准的共识点，但绿色生活，如限行限号等绿色出行、垃圾分类可能就是多个标准之间存在纳入、考虑争议的点。在社会（S）这个维度下，社区关系、员工、供应链、客户和消费者、责任管理、扶贫是多个 ESG 标准的共识点，但乡村振兴、劳工权益保护、隐私与数据安全是多个标准之间存在纳入、考虑争议的点。具体如表 1-1 所示。

表 1-1　　中国当前 ESG 议题的共识和争议处

	E 环境维度	S 社会维度	G 治理维度
共识点	绿色低碳 生物多样性和土地利用 可持续发展 节能减排 绿色供应链 绿色办公	社区关系 员工、供应链、客户和消费者 责任管理 扶贫	治理结构 投资者关系 信息披露 财务风险与财务质量
争议点	能源结构调整，尤其是核能 碳市场机制、碳排放 绿色生活，如限行限号等绿色出行、垃圾分类	乡村振兴 劳工权益保护，如性别歧视 慈善和企业贡献，如抗疫、就业、税收 隐私与数据安全	管理层，如权力滥用、反腐败 股东治理

第二节　执行行动驱动：以投资推动社会责任落地

执行 ESG 行动的驱动力，根植于投资机构。在经济发展的过程中，投资机构开始不仅限于关注企业的财务状况，也关注一些间接与企业生产经营活动相关的非财务信息。部分投资机构开始申明，并且在真实的投资决策中考量公司的社会责任绩效表现。伴随着投资机构在这个领域的倾向性资金投入，企业社会责任投资逐渐形成气候，投资者通过实实在在的投资资金流向，来表达自己的价值观。ESG 逐渐成为一种较为主流的投资策略。据 GSIA 统计数据，将 ESG 因素纳入投资决策的全球 ESG 资产规模由 2012 年的 13 万亿美元快速增长至 2020 年的 35 万亿美元，年均增速 13.02%。彭博预测，全球 ESG 资产到 2025 年将达到 50 万亿美元，占全球所有管理资产的 1/3。

谈到 ESG，大多数文献总是会追溯到 Clark（1916）和 Sheldon（1923）为开端的 CSR（Corporate Social Responsibility，企业社会责任）议题。这是最早和 ESG 有关的理念。Sheldon（1923）最早提到，企业的社会责任就是在追求自身利润的同时，改善社区的利益。到了后来，CSR 概念有了更多的外延。Johnson（1971）认为，企业社会责任除了考虑股东盈利的诉求，还应当考虑员工、供应商、经销商、当地社区、国家的多重利益。后来，到了 Carroll（1991）的企业社会责任金字塔理论，企业社会责任已经涵盖了经济责任、法律责任、伦理责任和慈善责任等。

第二次世界大战结束后，全球的政治环境生态开始变得复杂，人权、战争、走私、军火生产等领域的投资开始被部分宗教团体禁止。很多欧美国家的宗教团队要求其信众和宗教基金不得投资和伦理相冲突的标的，反战投资推动了企业社会责任投资（卢轲、张日纳，2020）。后来，包括赌博、色情、烟酒等行业的标的也成为禁止涉及的投资对象。比如 1965 年成立的第一只瑞典社会责任投资基金 Akite-Ansvar Aktiefond 申明将不会投资于酒精和烟草行业的公司，如 1971 年成立的帕斯全球基金（Pax World Funds）申明其不会投资于通过越南战争获利的公司。再比如在 20 世纪 80 年代，执行种族隔离政策的南非也被纳入禁止投资国，参与禁止投资的信托和基金资金总额超过了 400 亿美元。

在和社会问题相关的投资行动表达过程中，越来越多的目标随后被投资机构纳入考虑范畴，后续形成了诸如绿色环保、可持续发展相关的投资指引目标。比如 1988 年英国成立了梅林生态基金（Merlin Ecology Fund），该基金只投资于注重环境保护的公司。1990 年联合国募资 15 亿美元，成立了全球环境基金，专门给环境受到破坏的项目提供融资。随着环境灾难事件层出不穷，如 1989 年阿拉斯加港湾的埃克森瓦尔迪兹号油轮泄漏事件等的发生，环境因素成为越来越重要的投资考量标准。

2004 年，《关注者赢》报告旨在为就如何更好地将环境、社会和公司治理问题纳入资产管理、证券经纪服务和相关研究职能制定指导方针和建议，来自 9 个国家、管理总资产超过 6 万亿美元的 20 家金融机构参与了这份报告的编写。该报告的对象，也是一批重要金融机构。报告建议 ESG 因素应当被纳入金融市场研究、分析和投资的框架，并邀请金融投资者提供相关建议。次年，一场"Who Cares Wins"研讨会在苏黎世召开，机构投资者、分析师、多国政府及监管机构聚在一起研究探讨 ESG 因素如何被纳入投资管理。2006 年，以荷兰银行资产管理、大和资产管理、法国巴黎银行资产管理为代表的头部金融投资者，以及科菲·安南（Kofi Annan）共同发起成立了联合国责任投资原则组织（UN PRI）。该组织于 2006 年 4 月在纽约证券交易所发布了针对金融机构投资者的六项负责任投资实践准则（如表 1-2 所示），旨在帮助投资者理解、实践 ESG 因素对于投资决策的影响。截至 2023 年 6 月末，全球有超过 5300 家投资机构签署了 UN PRI 原则，管理的资产规模超过 120 万亿美元。这是最早，也是最广泛影响全球投资机构执行 ESG 行动的国际组织准则。

表 1-2　　ESG 行动推动者 UN PRI 倡导的责任投资原则

原则	具体内容
原则一	将 ESG 纳入投资分析和决策过程
原则二	作为积极的所有者将 ESG 纳入所有权政策和实践
原则三	寻求被投资主体对 ESG 进行恰当披露
原则四	推动投资界接受和执行责任投资原则
原则五	共同致力于提升责任投资原则的执行效果
原则六	报告责任投资原则的执行活动和效果

资料来源：https：//www. unpri. org/about-us/what-are-the-principles-for-responsible-investment。

可以看到，ESG 理念在全球达成当前如此大的共识，形成多方共同参与的良性机制，与投资机构的强力推动关系密切。在以 UN PRI 组织为首的相关机构的倡议下，大多数的资本所有者对 ESG 投资理念表现出越来越大的兴趣。投资者不仅关注上市公司的财务表现，也关注非财务类的 ESG 实践行动表现，评级机构对公司也形成完善的 ESG 评级，并且衍生出相关基金产品、指数产品。

在过去的数十年间，中国金融机构通过广泛参与国际相关组织的行动准则、评估体系，来强势推动 ESG 投资。对中国金融机构 ESG 投资行动带来重要影响的准则和规范包括：

• 2009 年，联合国贸易与发展会议（UNCTAD）与责任投资原则组织（UN PRI）联合发起可持续证券交易所倡议（UNSSE），倡议交易所与投资者、公司（发行人）、监管机构、政策制定者和相关国际组织合作，提升在环境、社会和公司治理（ESG）问题上的绩效，并促进可持续投资。上海证券交易所（以下简称上交所）、深圳证券交易所（以下简称深交所）等 133 个成员签署了这份倡议，直接助推了各大交易所制定上市公司的 ESG 披露报告指南。

• 2011 年，全球可持续发展会计准则委员会（SASB）制定了针对特定行业的 ESG 信息披露指标，SASB 准则确定了 77 个行业中对财务业绩和企业价值最相关的环境、社会和治理问题的子集。全球各个行业中的数百家公司正在使用 SASB 准则，向投资者传达具有财务重要性的可持续性信息。

• 2012 年，国际金融公司（IFC）颁布了《环境和社会可持续性绩效标准》，这份标准适用于所有在 2012 年 1 月 1 日之后通过 IFC 初步信贷审查流程的投资和咨询客户的项目。

• 2016 年，世界银行发布了《环境和社会框架》，该框架旨在保护人民和环境免受可能由世界银行融资项目引起的潜在负面影响，并促进可持续发展。这份标准直接推动了世界银行出资的投资项目必须关注人和环境的规定。

• 2016 年，全球报告倡议组织（GRI）发布了《可持续发展报告指南》（GRI 标准），该标准提供世界上最为广泛使用的可持续发展报告和披露标准，已被 90 多个国家成千上万家机构应用。全球 250 强企业中的 92%发布了可持续发展绩效报告，其中 82%采用 GRI 的标准进行披露。

• 2020 年，全球报告倡议组织（GRI）、可持续发展会计准则委员会（SASB）、全球环境信息研究中心（CDP）、气候变化信息披露标准委员会（CDSB）、国际综合报告委员会（IIRC）五个机构联合发布构建统一 ESG 信息披露标准的计划。这份计划旨在提升企业报告质量和一致性，吸引了全球范围内的企业、投资者、监管机构和其他利益相关者的关注。

• 2020 年 7 月，欧盟和中国在可持续金融国际平台（IPSF）下启动了一个关于分类法的工作组，旨在对现有的环境可持续投资分类法进行全面评估，包括确定各自方法和结果的共同点和差异。2021 年 11 月，IPSF 分类法工作组发布了共同基础分类法（CGT）报告的第一个版本，并发出征求意见的呼吁。CGT 是一项具有里程碑意义的工作，它通过深入比较提出了欧盟和中国绿色分类法的共同点和差异的领域。

• 2022 年，国际可持续发展准则理事会（ISSB）发布《可持续发展信息披露国际准则（征求意见稿）》。这份标准响应了通用目的财务报告主要使用者（投资者、贷款人和其他债权人）的需求，能够为他们提供更加一致、完整、可比较和可验证的可持续相关财务信息，以帮助他们评估主体的企业价值。

• 2023 年 6 月，国际可持续发展准则理事会（ISSB）正式发布了《国际财务报告可持续披露准则第 1 号——可持续相关财务信息披露一般要求》（以下简称 IFRS S1）和《国际财务报告可持续披露准则第 2 号——气候相关披露》（以下简称 IFRS S2），形成了首套全球 ESG 披露准则。这两项 ESG 信息披露标准于 2024 年 1 月 1 日之后的年度报告期生效，这意味着第一批采用该标准的报告将在 2025 年发布。

第三节　中国的 ESG 利益相关方

从中国 ESG 行动的相关利益方来看，中国当前 ESG 框架的执行和推动，由多方牵头。在 ESG 执行框架下，监管机构、企业、投资机构、评级机构、第三方组织/公众共同推动和促进这个共识落地（见图 1-1）。

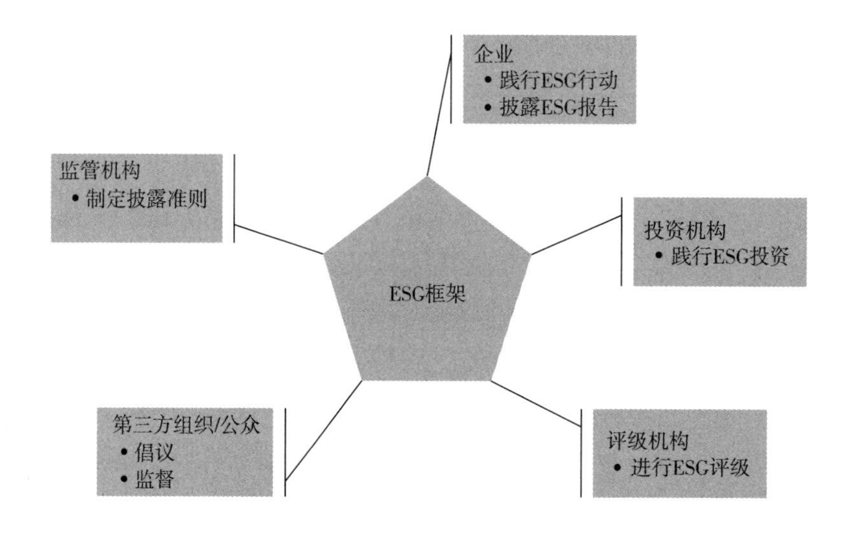

图 1-1　中国的 ESG 利益相关方

中国监管机构参与 ESG 行动指引与披露规则的制定。深交所于 2006 年发布的《深圳证券交易所上市公司社会责任指引》开始提及上市公司环境保护和社会责任方面的工作，深交所对上市企业社会责任履行工作发布相关指引，要求企业积极承担社会责任的同时，也鼓励企业自愿对有关环境和社会责任进行信息披露。香港交易所（以下简称港交所）相较于内地两家交易所更早地对上市企业 ESG 信息披露作出强制性要求。2011 年港交所就开始了对 ESG 信息披露的实践探索，开始制定 ESG 报告指引并首次公开征询意见。次年，港交所便发布了《环境、社会及管治报告指引》（以下简称《ESG 指引》），建议企业披露 ESG 相关信息。2014 年，香港特区政府发布《公司条例》，要求港股上市企业必须进行 ESG 信息披露。港交所先后在 2015 年和 2019 年对《ESG 指引》进行修订，2019 年年底修订的最新版指引中首先对企业 ESG 报告发布时间进行调整，规定企业必须在财年结束后 5 个月内发布 ESG 报告，提升了 ESG 信息的时效性。同时新版指引还鼓励报告发行人寻求第三方机构进行鉴证，以加强报告信息的可信性。

整体而言，虽然中国证监会、上交所、深交所以及行业监管部门对 ESG 披露标准没有明确要求，但是对于企业 ESG 行为应该纳入的内容和责任议题均有一定的要求，具体见第四章第二节。

中国企业负责践行 ESG 行动并披露 ESG 报告。各家企业结合自己的业务、压力、产品形态，在环境方面、社会责任方面、公司治理方面进行差异性推动，是 ESG 行动的基石。此外，企业自主披露的 ESG 信息是整个 ESG 生态系统的基础设施。评级机构基于这些信息给出 ESG 评级，投资人和资本市场据此修正自己的投资头寸，反过来推动企业践行可持续发展理念。

中国投资机构践行 ESG 投资理念。投资机构以此获取投资者的信任，并且推动微观企业持续践行 ESG 行动。私人投资和金融市场作为 ESG 行动的主要利益相关方，通过投资促进企业供给公共产品的积极性，给出投资方面的正面激励，以提高在社会经济正外部性方面的贡献，减小企业的负外部性损伤。

中国评级机构审视企业 ESG 行动，并基于一定准则，对各家企业的 ESG 行动进行评定。ESG 评级机构评估出企业执行 ESG 行动的实际情况，以及 ESG 非财务因素对公司带来的影响。

最后，一些国际组织、第三方组织、研究机构也是中国 ESG 行动的利益相关方。它们在形成舆论，放大企业 ESG 行动的外部性方面，形成了重要的社会监督机制。比如，中国当前对企业 ESG 行动进行倡议和监督的第三方组织包括亚洲投资者气候变化联盟（AIGCC）、社会价值投资联盟、中国节能皓信环境顾问集团有限公司等。

第四节 中国人关心的ESG：历史脉络与未来趋势

中国的ESG实践起步较晚，与国际准则接轨较晚。国外主要由投资机构和资本所有者驱动，和国外的ESG主要推动方不同，中国前期的推动方，主要是监管部门，并且主要集中于环境保护领域。最早于2003年，为了推进中国社会的可持续发展，国家环境保护总局发布了《关于企业环境信息公开的公告》，要求列入名单的重点污染企业按照要求披露企业环境保护方针、污染物排放总量、企业环境污染治理、环保守法、环境管理这五类环保信息。未列入名单的企业，可以自愿公开相关信息。这是中国第一个与ESG行动相关的信息披露要求，标志着中国与环境保护相关的公开披露制度开始逐步完善。

随后，中国政府开始关注更广泛的ESG实践，自上而下地倡导、鼓励企业推广社会责任，不局限于环境保护领域。2006年，深交所发布了《深圳证券交易所上市公司社会责任指引》，但这个指引是自愿披露指引，并不具备强制性，指引中提及的是“倡导”“鼓励”等词。越来越多的自上而下的规定，开始鼓励企业自愿披露相关行动。同样地，上交所于2008年出台的《上海证券交易所上市公司环境信息披露指引》，同样是自愿披露性的，也并未对上市公司做出强制性要求。除两家交易所外，2007年，国家环境保护总局发布《环境信息公开办法（试行）》，规定了环境信息公开的途径、范围、方式、义务以及监督机制等方面的内容。

可以看到，2008年之前，除了重污染企业是强制披露，中国监管层对于企业的要求几乎都是自愿披露，属于非强制性法规要求，因此大多数上市公司没有动机去做出积极响应。2006年、2008年深交所、上交所发布社会责任和环境信息披露指引后，到2008年末，披露率在10%以下。

近年来，受益于投资领域监管层、投资机构、上市公司的大力推动，ESG 理念在中国加速落地。投资领域的推动基于多个契机。

一方面，国际主流投资领域对 ESG 理念的认同，深刻影响着国内企业界和投资界的实践。从 2015 年开始，中国企业在海外上市的数量越来越多，国外投资者对中国企业的 ESG 信息披露要求也越来越高。再比如 2018 年 6 月 1 日，首批 234 只 A 股被纳入 MSCI 新兴市场指数和 MSCI 全球指数，大量境外被动指数资金开始流入 A 股。按照对客户的承诺，MSCI 对所有纳入 MSCI 指数的上市公司进行 ESG 研究和评级，这也倒逼中国企业加速提升 ESG 披露水平和表现。

另一方面，除了国外投资机构力量的间接推动，中国国内金融领域监管层和国内机构投资者在 ESG 相关金融产品设计、金融市场建设、信息披露要求方面，也加快了进程。从 2016 年开始，和 ESG 理念相关的绿色金融产品体系建设首先被推上了议程，国内出台了与之相关的证券业责任投资政策。2016 年 8 月，中国人民银行、财政部、发展改革委、环境保护部、银监会、证监会、保监会七部委联合印发《关于构建绿色金融体系的指导意见》，意见明确了证券市场支持绿色投资的重要作用，提出统一和完善绿色金融相关的监管规则和标准，积极支持符合条件的绿色企业上市融资和再融资，支持开发绿色债券指数、绿色股票指数以及相关产品。随后，中国证券投资基金业协会于 2018 年出台《绿色投资指引（试行）》，这是国内出台的首份全面系统的绿色投资行业自律标准，指引要求基金管理人注重绿色投资，关注环境的可持续性，加强环境风险管理，并引导基金管理人逐步建立完善绿色投资制度，推动被投企业关注环境绩效、完善环境信息披露。

中国投资界关于 ESG 行动的正式成文性规定，始于 2018 年。前期，中国投资界对 ESG 理念的共识，集中于与 ESG 理念相关的环境保护、企业社会责任、绿色金融领域。虽然很多行动准则、投资准则和披露准则与 ESG 理念相关，却一直未形成正式的 ESG 架构。2018 年，证监会发布的《上市公司治理准则》对 ESG 信息披露框架的引导，标志着 ESG 规则在中国的正式落地。随后，政府和相关金融部门对 ESG 的实施细则做出了更多的要求，不同细分领域发布了更精细的指引，这些规则将 ESG 信息披露、ESG 投资产品、ESG 投资行为向标准化、规范化和可持续的方向推进，包括 2018 年 9 月，中国证监会修订了《上市公司治理准则》，确立了环境、社会责任和公司治理（ESG）信息披露的基本框架。2018 年 11 月，中国基金业协会正式发布了《中国上市公司 ESG 评价体系研究报告》《绿色投资指引（试行）》支持市场管理机构和行业自律协会构建完整的 ESG 披露、评估体系；鼓励咨询机构、评估机构等积极开展 ESG 评价评估工作。2022 年 2 月，中国人民银行等四部委发布《金融标准化“十四五”发展规划》，明确指出标准是绿色金融可持续发展的重要内容，并提出了加快建立绿色债券标准、制定上市公司和发债企业环境信息披露标准、建立 ESG 评价标准体系等重点工作。

随着相关监管制度的推出，以及投资机构、上市公司与国际主流 ESG 理念共识的融合，中国 ESG 领域呈现快速发展势头。截至 2023 年末，中国共有 136 个机构加入联合国责任投资原则组织，其中资产管理机构 98 家，服务提供商 35 家。2023 年，中国 A 股市场共有 1771 家上市公司发布独立 ESG 报告，披露率为 33.8%。

中国 ESG 体系建设，仍处在发展阶段。目前中国法律法规、监管规定对于 ESG 行动的监管，并未形成统一而明确的标准，相关的金融监管框架也处于不断探索的过程。展望未来，一方面，中国 ESG 利益相关方的相关标准、行动处于和国际不断接轨和融合的过程中。ESG 是全球可持续发展的通用语言，目前有影响力的投资、评价、合作体系均来自国外，中国正在不断与之接轨。另一方面，中国 ESG 利益相关方也在形成和践行一些体现中国社会发展需要的规则。在 ESG 框架的方方面面，从架构，到指标，再到评价上，不断体现中国国情的需要和立足中国社会理解可持续发展的内涵。

参考文献

操群、许骞：《金融“环境、社会和治理”（ESG）体系构建研究》，《金融监管研究》2019 年第 4 期。

卢轲、张日纳：《可持续发展金融概念全景报告》，2020 年。

彭雨晨：《ESG 信息披露制度优化：欧盟经验与中国镜鉴》，《证券市场导报》2023 年第 11 期。

周艳爽：《企业 ESG 表现、碳信息披露质量与企业价值》，《生产力研究》2023 年第 3 期。

Carroll, A. B., "The Pyramid of Corporate Social Responsibility: Toward the Moral Management of Organizational Stakeholders", *Business Horizons*, Vol. 34, No. 4, 1991.

Clark, J. Maurice, "The Changing Basis of Economic Responsibility", *Journal of Political Economy*, Vol. 24, No. 3, 1916.

Johnson, H. L., *Business in Contemporary Society: Framework and Issues*, Wadsworth Publishing Company, 1971.

Thompson, K., Sheldon, O., *The Philosophy of Management*, Sir I. Pitman, 1923.

UN, *Who Cares Wins: Connecting Financial Markets to a Changing World*, The UN Global Compact, 2004.

第二章　私人部门承担 ESG 行动：碰撞与融合趋势

第一节　ESG 行动的本质：私人部门提供公共产品

一　ESG 行动的公共产品属性

目前关于 ESG 的投资原则和企业行动，已经形成了一批较为成熟的代表性行动框架。自 2006 年联合国发布责任投资原则（Principles For Responsible Investment，PRI），鼓励资产管理公司和金融机构投资者将 ESG 因素放入投资考虑框架中以来，已形成了如全球报告倡议组织的可持续发展报告指南 GRI 准则、可持续发展会计准则委员会的 SASB 可持续会计准则、国际可持续发展准则理事会 ISSB 的 IFRS S1、IFRS S2 信息披露标准。

虽然这些代表性框架关注的要素各异，落地执行的具体行动也不尽相同，但它们的指导思想却是高度趋同的——为推动投资机构和私人企业妥善处理好与环境、社会的相互关系，为推动全球的可持续发展，提供标准化的行动指引框架。在这些行动指引框架下，中期和最终目标创造的价值，不仅关乎企业自身利益，更关乎全社会发展。这导致企业备受关注的 ESG 行动所涉及的许多内容，几乎都带有公共产品属性：

（1）环境方面，现有框架都关注公司在减少温室气体排放、减少废弃物生产、关注气候变化、促进生物多样性等方面的指标；

（2）社会方面，现有框架都考量公司在公平雇佣、提高员工福利待遇、维护产品质量与安全、促进社区公益等方面的指标；

（3）治理方面，现有框架关注公司商业道德、公司董事会的多样性和独立性等指标。

为什么这些重要的 ESG 行动具有公共产品属性？

从经济学的定义来讲，公共产品和私人产品完全不一样。萨缪尔森认为，公共产品具有明显的非竞争、非排他属性（Samuelson，1969）。其中，非竞争属性是指公共产品一旦被供给者提供，多增加一个消费者，并不增加供给者的边际供给成本，额外的供给成本为零。非排他属性是指公共产品不排斥任何人共同消费，大家都可以进行免费使用、享受到公共产品的益处。

ESG 行动正是因为与其相关的产品和服务具备同样的非竞争、非排他属性，被认为是一种公共产品。ESG 行动关注的环境问题就非常有代表性（Cornell and Shapiro，2021）。比如私人企业提供减轻环境污染的产品，企业并不能向全社会收费，也并不能排除部分消费者获取相关利益。诺贝尔经济学奖得主威廉·诺德豪斯曾经提道，“气候是一种全球公共产品，而目前缺乏要求各个国家参与的机制”（Nordhaus，2021）。再比如 ESG 关注的产品质量和安全问题、社区公共利益问题，都是类似的，一旦被提供，边际供给成本为零且能使全社会受益。

二　公共产品的传统供给方式

对于 ESG 这种带有公共产品属性的产品和服务，企业如果提供，会大幅增加自己的生产成本，又不能够对消费者逐一收费，不能够收取全部正面收益。因此，私人企业的供给通常是不足的。

一直以来，经济学界、政府、第三方相关机构都在思考并实践一些提高公共产品供给的解决办法。现实生活中，传统公共产品供给方式表现为政府供给、政府和私人联合供给、私人企业供给和自愿供给方式的单项选择或融合。

（一）政府供给

早在 1848 年，穆勒在《政治经济学原理》中就提出过支持政府作为主要供给者的论点。穆勒写道："虽然海中船只都能从灯塔的指引中获益，但要向他们收费却办不到。除非政府强制收税，否则，灯塔会因无利可图而无人建造。"这是最早阐述"公共品需由政府提供"的论证。学者进一步提出，为应对市场失灵，政府有必要进行干预，提供公共产品（Buchanan and Musgrave，1999）。

在ESG相关的公共产品供给方式上，政府主要通过征税、补贴、罚没的方式进行支持。人们逐渐建立了"政府的手"机制，让这些议题通过政府的干预和管制来解决。比如收取工厂排污费、建立碳排放交易市场、补贴新能源汽车等，都是通过政府之手解决ESG相关的公共产品供给不足的办法。这种政府主导的公共产品提供方式，仍然有一些问题，如未必能让政府提供的公共产品充分体现出个体的不同偏好（Wendner and Goulder，2008）。

（二）政府和私人联合供给公共产品

然而，我们不应假设所有的公共产品一定必须只由政府单方面供给。部分混合型或准公共产品可以采取不同的供给模式。政府作为公共产品的主导者，难以对不断演化的公众需求予以高效回应，也容易导致供给失效的情形发生，如公共资源配置效率不高、过度消费公共资源问题。纯粹公共产品如外交、国防、政治体制、治安与消防、义务教育、减轻贫富差距等，由政府主要供给，但不是所有公共产品都要由政府来提供，一些私人企业也可以进行联合供给。公共产品本质上有多元性、复杂性，因此对于不同服务类型，相应采取差异化的供给方式。政府可以负责框架设置和监管协调，同时利用私营部门的优势共同参与供给。

从Auster（1977）开始，学者就开始研究私人—政府联合供给问题，并发现联合供给模型非常有用。引进民营企业的力量和市场化手段，能够解决公共产品政府单独供给中存在的问题，比如政府垄断地位导致的公共产品供给低效率，再比如政府供给公共产品中产生的权力寻租、浪费现象。近年来，实验经济学的研究成果为我们提供了实证依据，进一步论证了在解决现实公共产品供给问题时，政府与社会各界形成合作机制的可行性和优越性，联合供给成为解决公共产品供给的有效途径（Montgomery and Bean，1999；Shrestha and Feiock，2011）。典型的联合供给公共产品包括城市公共交通、公共图书馆、文体娱乐设施、水库资源等。这种方式下可以将产权、监督权归属于政府，融资可以依赖公共财政和政府背书，生产和运营环节则可以采用政府采购形式承包给私人企业，委托私人企业依照非营利原则对使用者收取成本费的方式进行产品提供。

（三）私人供给

公共产品由于非竞争、非排他属性，导致对个人收费困难，所以必须由政府提供，但这并不代表公共品真的不能收费。事实上，如果能够有企业愿意投资、生产、供给并想办法从公共产品中收费，公共产品是可以进行私人供给的。而是否能够实现私人供给，实质在于能否建立有效的公共物品交易机制。罗纳德·科斯于 1960 年发表了《社会成本问题》（*The Problem of Social Cost*）一文，提出在产权明晰的情况下，私有部门就可以通过自愿协商或者签订契约，解决外部性问题，提供公共产品。也就是说，通过制度安排，让私人部门生产经营所产生的社会收益或社会成本，转为私人收益或私人成本，让公共产品问题内部化，来解决问题。

随着实证研究的深入，学者逐渐发现，在长期均衡的条件下，公共产品供给领域采用竞争机制反而更有可能实现此类物品的最优供给（Economides et al.，2014）。具体来说，如果在保证基本公共产品供给的同时，允许多元私人企业通过市场竞争提供部分公共产品或相关补充服务，这种“竞争性供给”模式相比政府集中公共供给，具有以下优越性：引导参与方共同努力提升产品质量与效率，实现资源的最优配置；充分激发各供应商的创新动力，满足不断演进的公众需求；通过价格调节机制，吸引更多资源投入公共产品领域等。所有参与交易的人，通过某种集体决策规则，就其共享和共同消费的物品数量和价格达成一致。

（四）自愿供给

在现实生活中，并不是所有人都是自私、不愿意供给公共产品的。Falkinger（2000）指出，在现实生活下的人际互动过程中，可以观察到自发的合作行为，这些合作为公共产品提供做出很大贡献。从整个社会的平均提供意向数据来看，每个人会贡献自身财富的15%—25%给公共产品。甚至有学者发现，这种供给倾向与个人的财富水平并没有很强的线性关系。Buckley和Croson（2006）研究发现，个体的个人财富水平不决定其参与公共产品供给的绝对数量。人们提供公共产品的动机，和人们进行个人捐赠的动机类似，往往不纯粹是个人的经济利益、物质利益动机，还包括个人的精神利益。这些研究成果突出了公共产品供给不应仅限于由上层设计的体制机制，自发合作和内在原动力同样重要。

第二节　ESG：以投资驱动的公共产品提供方式

一　公共产品行动货币化

虽然公共产品的供给方式有很多种，但是很多问题仍然既无法内部化，也没有办法通过很好的“政府的手”，来面面俱到地进行解决。比如Cornell和Shapiro（2021）认为，与更多传统的外部性问题相比，气候变化就是一个更加重要的外部性议题。但它也是一个不能由私人公司、政府部门单独合理解决的议题。原因在于，它不仅需要企业和个人的行为改变，还需要世界各国的行动协调。在这个关键的全球问题上，产权界定很难，边界也不清晰，具体执行也很难落地。

但是，世界正面临着紧迫和严重的公共产品供给稀缺问题。比如联合国的报告指出，所有的组织都必须在管理气候变化风险和大幅度减少其碳足迹方面取得更大的进展。对于在不同管辖区运营的大型组织来说，尤其如此，它们享有技术专长和资源来解决严重的社会和环境问题。与其等待气候变化的影响完全实现，新形式的问责制在改变企业行为方面可以发挥作用。

人们开始考虑，一个可能的前进方向，是依靠当代企业核心的财务范式的普遍存在，如大家像评估投资财务指标一样，还是同等地关注 ESG 行动指标呢?

人们开始发现，部分行动可以被持续追踪甚至被货币化，私人投资和金融市场可以作为可持续发展融资的主要驱动力，对国内和跨国公共产品短缺问题带来关键性影响，如在气候变化领域。通过对企业面临的气候变化相关风险成本进行定量化，会计语言和金融分析框架可以成功地被调用起来，为董事会、高管层和外部投资者提供一个新的视角来识别企业应对这类重大环境风险采取的行动和关联影响。虽然现有方法很粗糙，但现在已经有了一些如通过内部定价，将生物多样性损失和温室气体排放成本等外部性的社会成本纳入企业的利润计算的方法（Cuckston，2013；Boiral，2016）。这为管理层和利益相关方提供了一个更全面和深入的信息披露体系作为决策参考。

会计和金融话语，可以被成功地动员起来，通过为公司高管、投资者、政府及其他利益相关方，创造新的可见领域，来解决重大的公共产品提供问题。

近年来，随着金融产品和服务日趋丰富，金融市场正在作为越来越重要的可持续发展资金的主要来源和配置者存在。金融市场作为公共产品和服务的重要资本渠道，正在通过部署资本的方式，管理跨国经济活动的社会和环境外部性以及可持续性议题。

与此同时，以可持续发展为导向的金融创新不断涌现。例如，面向环境和社会影响的投融资工具，使私营部门开始参与管理跨国经济活动带来的负外部性，如通过投资对标的企业实施行业标准与要求。从长期趋势来看，学术界开始从可持续报告与管理治理的多元创新角度研究此类变化。不再局限于传统金融或社会科学范式，而是探索问责任务与监管新的实现模式（Atkins et al.，2015）。

在当前的可持续发展投资新生态系统中，私人行为者不再是发展过程中的被动旁观者，也不再仅作为客户或承包商，而是作为发展项目的共同投资者和共同生产者（Tan，2022）。在国际市场发展中，这种向私人部门的转向的一个重要组成部分是利用国际资本市场促进和发展可持续发展投资，以此来动员对可持续发展目标和气候相关部门的投资。私人部门越来越多地参与可持续发展和其他全球公共产品的融资动员、支付和交付。通过对可持续发展和社会负责的投资，将相关行动货币化，纳入商业债务和股票市场的考量标准。

二 ESG 框架：投资驱动的新型供给

要实现“双碳”目标、全球气候变化治理，需要的资金是巨量的。金融资本市场的运作，提供了一种可能的新型供给方式。在这样的议题上，ESG 行动框架至少提供了一个方向大致正确，行动可以逐步推进，企业能从中拿到中期激励的共识方案。

虽然从经济学的角度，ESG 报告提供的信息并不直接对企业提供公共产品进行奖励，或对企业不提供进行惩罚。但是，它提供了一套有效的评审和监督机制，有效地引导、监督企业关注低碳发展、实现绿色转型、承担社会责任。除市场的力量、政府的力量外，事实上 ESG 行动框架针对企业行为外部性的治理，提供了一个新维度的约束和管制机制，来对企业经营活动过程中的环境、社会、治理责任予以审视。

ESG 行动框架的新型供给方式，同时被业界、政界所重视。2023 年 4 月 27 日，美国国家安全顾问杰克·沙利文于布鲁金斯学院发表关于振兴美国经济领导地位的讲话时，提到了通过资本力量治理威胁着生命和生计的气候变化问题的思路：“美国正在国内和与世界各地的合作伙伴一起推行现代工业和创新战略。投资于自身经济和技术实力的来源，促进多样化和有弹性的全球供应链，为从劳动力和环境到可信赖的技术和良好治理的一切设定高标准，并且部署资本来提供像气候和健康这样的公共产品。”

企业在执行 ESG 行动时，现有 ESG 框架都致力于通过投资、评级和企业信息披露行为，促进企业供给公共产品的积极性，给予企业投资方面的正面激励，肯定企业在社会经济正外部性方面的贡献，减小企业的负外部性损伤。在 Lokuwaduge 和 Heenetigala（2017）的眼中，ESG 行动的实质就是通过利益相关体之间签订契约形成利益共同体，协调各方利益让企业承担社会责任。

中国上市公司协会会长宋志平在第十一届公司治理国际研讨会中指出，“在国际市场体系中，上市公司的 ESG 情况将是投资者考虑的首要因素”。ESG体系已经成为国际商务与投资决策的主流框架，作为国际主流的企业非财务框架，它可以帮助企业和投资机构了解公司，从更全面系统的维度，了解公司对环境与社会的影响以及管理水平。

从全球的角度来看，任何一个地方居住的普通居民几乎与所有国家和公司都有或多或少的经济利益往来。比如对一家在俄罗斯经营不良的镍冶炼厂进行投资，它的排放物可能在北半球造成下游的环境问题。从俄罗斯镍冶炼厂的角度看，降低污染减排设备的必要开支可以获得一些短期超额收益。但从全球的角度看，这些收益很可能被在北美处理这些“外部性”的影响所抵消（Kiernan，2007）。在今天这个日益透明、利益相互联系的社会中，提供公共产品的公司，理应被奖励。

综上所述，ESG投资是一种新的“公地团结”，主要投资者有意识地努力创造一个改善环境、社会和治理（ESG）条件的良性循环，在这种情况下，上升的潮水可以提升所有的船。主要的机构投资者（特别是养老基金、保险公司和一些最大的捐赠基金和基金会）现在已经变得如此庞大，投资范围如此广泛，它们现在实质上集体“拥有”整个全球经济。因此，无论是个人还是集体，在改善宏观经济、社会和环境条件方面都有共同的利益，这些条件既影响到他们的投资选择，也受到他们的影响。

进一步地，投资机构还可以将ESG激励和相关公司治理进行深入融合。部分投资基金同时主动发挥投资人的作用，推动被投企业ESG治理。例如某些基金可以主动发挥股东权利，在被投企业治理过程中提出更高的ESG要求。比如在替代能源和终端处理排污项目中，设定超额收益划分条款，尝试与ESG目标挂钩。也就是说，如果说被投企业达不到ESG要求，应该给予股东方一定金额的赔偿。实质上，这相当于对企业施加了碳减排的具体限制。另外，一些投资机构会更深入地参与企业治理体系建设，比如协助构建专业化的董事会和委员会结构，整合合规管理流程，跟进信息报告质量，优化人力资源管理等，为企业的高质量发展多方面赋能。通过这些方式，投资机构不仅作为资金提供者，还能在战略层面带动被投企业加强内部ESG治理能力。

当然，用投资驱动的方式管理公共产品问题，不是一劳永逸的，也不能解决所有问题。一些当前被提及的可能的负面后果包括，可能会对国家的国内法律、政治等产生广泛的影响。将金融市场作为可持续发展目标的主要手段，也可能会限制当地社区在资源分配中的公民发言权和参与权。

第三节　私人企业承担ESG责任：动机和优势

一　私人企业关注ESG公共产品提供责任的本源

为什么企业会关注ESG公共产品的提供问题？这本质上需要探讨企业的本质。企业是什么？在不同的领域会得出不同的答案。在管理学领域，主要关注企业运营管理优势，认为企业是运用资源、进行有效管理，进而创造利润的组织。在法学领域，主要着眼于企业法人的法律形式，将企业视为集契约关系之组合。在社会科学领域，则着重突出企业的社会属性，把企业视作人的集合，各种利益交织在一起的集合体。经济学家也在理论与实践发展的过程中不断探寻企业的本质，从生产、交易、资源、创新等方面形成独到见解。

在古典经济学的框架下，企业是高效率的生产组织。亚当·斯密通过优化制针流程率先提出了分工理论，随后古典经济学派以分工带来的效率提升为核心，论述了企业作为分工的组织存在的必要性。新古典经济学把企业当作利润最大化的生产者。新古典经济学建立在完全竞争市场假设条件下。一方面，假设总体是由最优决策理性的个体加总而成；另一方面，假设市场中的信息是充分流动且对称的。在这样的理想化的环境下，个体之间的交易发生在完全竞争的市场中，这个市场始终可以保持帕累托最优状态。在新古典经济学下，企业被抽象化为最优化生产者，通过投入生产资料获得产品的过程，以追求利润最大化。

制度变迁理论认为，企业是基于组织管理能力的生产单位。钱德勒从外、内两个方面论述企业产生原因：一是外部条件。随市场和技术发展，现代大型企业是必然产物。二是内部条件。随企业规模扩大，管理协调效率超过市场协调。这时企业管理组织将替代市场机制。钱德勒强调，管理能力决定企业存在、发展及竞争优势。这与规模经济不同。他指出，生产力和成本的提高来源于组织内各生产要素的管理协调能力，而非分工程度。钱德勒更看重速度经济，强调管理协调和响应速度的重要性，即时间管理效率。他从企业内在属性出发，阐述企业产生的真正动因在于管理组织本身的协同综合能力。

新制度经济学将企业视为交易的组织。科斯率先提出交易成本概念，认为企业之所以存在，是为了降低交易成本，企业通过内部化方式，将部分交易活动从市场转入企业体系内部进行。随着企业的扩张和复杂化，内部管理成本会越来越高，当内部交易的管理成本等于市场交易成本时，企业达到均衡状态，也就达到了企业扩展的边界。这样就从交易成本的角度阐释了企业存在的原因和企业的边界。

在新时代，技术发展重新定义了企业的内涵。互联网普及降低信息不对称，人工智能等技术革新形成了新的生产模式。数字化改善内外部管理效率，重新设计企业管理协调方式和企业的边界。企业的边界从个体扩展到平台、生态型企业。在推动社会进步方面，企业也在日渐发挥支配地位，成为承担社会责任的载体。企业不仅仅是企业家营利的工具，也承载着推动社会发展的重要责任。

总体来看，不同理论视角下，对企业本质的理解不同。从生产角度，企业本质上是高效创造价值的生产组织，着重分工协作和管理带来的效益提升。从交易角度，企业使长期合作替代短期契约，具有契约性质。从资源角度，由于企业间知识和能力差异，企业具有异质性。从组织角度，企业体现参与者和资源在架构下的协作结果，有协作性。在新时代，技术进步扩展和延伸了企业本质，随着企业在社会中的重要性增强，其本质含义也扩大到内涵社会目标和环境责任等新层面。

从社会福利视角看，ESG 的本质就是企业在预期存续期内最大限度地增进社会福利的意愿和行动。更具体地说，ESG 体现企业自觉或者依社会期待，朝着最大限度提升社会福利这一方向进行行动部署和贡献。社会福利被个人福利、社区福利和整个经济体系共同影响（Ketter，2020）。在过往研究中，企业社会责任的核心在于找到哪些行为能真正优化社会福利（李伟阳、肖红军，2009）。因此，总结和制定ESG行动必须始终回答——如何最大限度地增进社会福利这个根本问题。它将企业责任抽象定义为对社会的责任，这就要求企业的ESG行动不仅关注形式，更重要的是评估企业行动是否真正促进社会福利提升。

那么私人企业愿意去执行ESG行动，它们的动机是什么？

不管从生产效率的角度，还是组织协调、形成长期契约的角度，公司都有一定动机进行ESG公共产品和服务提供。一些主要原因包括：

第一，企业通过以负责任的态度进行ESG行动，企业可以在做好事的同时也为自己谋利，即“为做好事而做好事”。这可以有效降低企业的各类信用风险。具体来说，重视ESG的企业可以通过降低系统性风险、供应链风险、诉讼风险、声誉风险及监管合规风险等潜在风险，提升企业长期利润和价值。在中国，ESG行动能够显著规避供应链话语权缺失所导致的经营风险（李颖等，2023）。

第二，良好的ESG公共产品和服务提供，表现出创造企业长期竞争优势的特征，这为企业在不稳定的市场环境下提供保障，进而创造长期价值（伊凌雪等，2022）。

第三，优秀的ESG公共产品和服务提供可以避免由于供应链中断、诉讼或监管问题带来的潜在成本，从而吸引更多忠实客户和满意员工，保障企业的清洁和安全经营。

第四，客户在购买决定时可能会考虑企业的ESG表现，而企业自身的ESG政策也有利于人员招聘和留任。

二　私人企业提供公共服务的优势

自萨缪尔森提出公共产品理论以来，人们都认为提供公共产品和服务是政府的天然职责。但是，随着实证研究的深入，这一供给模式也受到广泛质疑。政府官僚机构管理公共服务时，易处于垄断地位，腐败和低效问题严重。传统模式因难以根据公众需求及时调整服务，满意度不断下降。在公共服务产品特征如非竞争性等前提下，单一主体供给难以保证效率。理论研究者纷纷探讨，是否可以引入市场机制改革这一模式。私有化、政府与社会组织权责分离等新思想浮现。

在一些比较新的实践中，人们发现，政府与企业在公共服务领域应明确各自的角色。经济学和管理学提出，政府从词源和职能本意来看，是“掌舵者”而不是“划船者”。如果政府直接执行服务提供这样的“划船”职能，将分散其决策管理的精力，损害“掌舵”效能。著名管理学家彼得·德鲁克（Peter Drucker）在他 1968 年出版的《不连续的时代》（*The Age of Discontinuity*）一书中写道：任何试图将治理与做大规模结合起来的做法，都会使决策能力瘫痪。任何让决策机构真正“做”（执行）的尝试，也意味着“做”得很差。它们并不专注于“做”，将决策与执行完全融合将导致能力萎缩。纽约州长马里奥·科莫也明确表态，政府责任在于确保而非直接提供服务。总体来说，明确各自的优势和职责可以达成最大协同效应。政府应专注于政策引领、监管监督等“掌舵”职能，而让企业作为专业“划船者”承担公共服务的运营管理，这不仅符合各自本性，也有利于公共利益的最大化。

私人企业对于政府提供的 ESG 公共产品的补足作用，正在被越来越多的人意识到，并且直接影响投资者对私人企业的看法（定价）。政府的不作为可能在一定程度上，解释了私人企业执行 ESG 行动框架的崛起。比如唐纳德·特朗普（Donald Trump）2016 年当选，并提名气候怀疑论者斯科特·普鲁特（Scott Pruitt）领导其委员会。2017 年 6 月 1 日，美国总统特朗普宣布美国退出《巴黎协定》。此举使美国成为反对抗击气候变化全球努力的国家之一，政府大幅度减少对环境的支持。理论上，这应使依赖政府资金的气候友好型企业的现金流下跌。然而，Ramelli 等发现，令人惊讶的是，采取气候责任战略的公司获得了收益，尤其是那些由长期投资者持有的公司，反而获得异常高的回报。这可能因为投资者意识到政府支持减少，弥补资金不足的需求增加，激发了市场主体的参与度和替代机制以消除资金短缺障碍

（Ramelli et al.，2021）。

后续理论研究观察到私人企业在提供公共产品方面的高效率。学者认为，企业追求 ESG 价值与两种理论相吻合。一方面，代理问题难以克服，因此管理者追求的目标超越了股东价值（Garriga and Melé，2004）。另一方面，人们把企业承担社会责任、执行 ESG 行动看作对消费者需求变化的响应。从这个角度看，其实企业从事 ESG 活动是为了利润最大化。

尽管诸如著名的传统经济学家米尔顿·弗里德曼提出的，企业不应该将利润转向公共产品，因为股东自己做出这些贡献会更好，但令学者百思不得其解的是，当今私人企业里面，激进的股东在劝说企业“为社会负责”方面，却越来越成功，甚至私人企业里面的经理人也愿意为之努力。最新的一些研究发现，在股东同时关心公共产品提供和企业利润，以及管理层合同反映了这些关切的情况下，企业的行为的结果确实包含高效的公共产品供给。在这些理想条件下，管理者将更多的利润转向公共产品，并且会超过股东个别行动时的水平——股东变得更贫穷但更快乐。此外，只要公共产品足够受欢迎，即使股东的偏好与整个社会的偏好不匹配，经理人也会选择社会最优的产出水平（Morgan and Tumlinson，2019）。

不过，私人企业提供 ESG 公共产品并不是一片叫好，没有批评之音。理想化的预期通常会在私人企业的“逐利本能”面前显得苍白无力：由于自利的本性，私人企业自然会将“追求利润、规避风险”的商业原则和“厌恶贫穷、追求富有”的市场逻辑带入公共服务中，这导致了提高价格、降低质量、回避利润低的项目、忽视弱势群体的利益等行为。亨利·汉斯曼把这些现象称作“服务购买者与消费者分离导致的‘公私合作失效’”，而更多的学者形象地将其称为“撇脂”或“捞奶油”。私人企业高管是否在用别人的钱为普遍社会利益买单，仍然是目前研究观察的主要议题。如果私人企业高管执行 ESG 行动符合他的社会责任利益并减少了股东的回报，那就是在用股东的钱（Porter et al.，2019）。如果行动提高了供应链客户价格，就是在花客户的钱。如果行动降低了部分员工的工资，就是在花公司员工的钱。

第四节　长期趋势：ESG 行动与企业价值激辩

一　长期企业价值创造之辩

随着企业越来越多地投入资金和关注 ESG 行动，准确理解 ESG 行动是否、如何带来企业短期和长期回报，就变得尤为关键。企业的核心宗旨和使命在于创造价值，而可持续发展——持续为社会创造价值——则是企业追求 ESG 行动的愿景和目标。

在中国，包括在 ESG 或可持续发展的广泛议题上，企业价值与社会价值之间如何权衡？企业执行 ESG 行动短期利益与长期利益之间的冲突，尤为棘手。如果不采取长期主义的视角，不以企业价值为导向来考虑问题，那么在 ESG 或可持续发展方面，企业肯定难以承受短期利益的损失，无法持续、稳定地提供 ESG 公共产品和服务。

从功利角度出发，从长期价值创造视角看待企业 ESG 行动，本身也带来一些信息减损和效率提供。先进的指标，是那些能够预示未来结果的指标。只有当企业的一个指标能够推动长期价值时，报告它才有充分的理由，与它是否被贴上 ESG 标签无关。此外，因为现在全球数百个 ESG 指标框架可供公司选择做报告，而过多地关注形式，不仅可能分散公司的注意力，让它们从实际创造价值转移到报告价值上，还可能降低透明度，因为投资者和其他利益相关者不知道应该关注哪些指标。

从长期价值创造的角度，企业积极地做好事是否利于公司长期价值，是需要追踪的事情，它也与公司战略直接挂钩。确认它们至关重要，因为它们代表企业战略和行动努力的方向。例如，联合利华通过其卫生运动影响到的人数，奥兰公司参与其可持续农业项目的小农户数量，苹果公司使用环保材质电子产品影响到的可再生、可降解材质数量情况，中石油、中石化能源公司的碳排放量。这种长期价值视角，可以将 ESG 行动从一个需要符合投资人审美的合规工作，真正转变为企业的价值创造工具。

那么，关于ESG和私人企业价值之间关系，到底有怎样的研究证据呢？当前的研究结论是复杂且多样的。一些研究指出，私人企业参与ESG行动，反映的是企业代理问题，导致非财务利益相关者以牺牲股东利益为代价获得好处，所以有损企业短期和长期价值。这种情况在多篇研究中被提及，如Buchanan等（2018）、Masulis和Reza（2023）。

然而，另有研究表明，在某些情况下，ESG行动能够显著地提升企业价值，这在财务上可能是有利可图的（Flammer，2015；Lins et al.，2017）。一系列文献显示，高ESG评分的企业通过履行隐性合约获得了良好的声誉，从而赢得如员工、投资人和政府当局利益相关者的信任，ESG行动实践可以获得相应的补偿（Cornell and Shapiro，2021）。利益相关者用投入公司运营中的金融资本、人力资本来“购买”这种信誉，创造出企业短期和长期价值，导致了企业更好的业绩。

还有学者更激进一些，认为ESG产品和服务提供，以及相关的ESG指标公布，正是在披露一些更符合企业长期价值增长的指标，纠偏短期财务指标对企业长期价值的“错误指示”。大家都在报告短期财务指标，可能导致它们也许被过于强调，尤其当一些投资者过分地专注于短期季度财务表现时。而例如ESG类似的一些非财务指标如果被重视，高管也可能会跟进，因为他们知道自己会基于这些指标被评价，即使这样做可能牺牲一些价值创造（Zumente et al.，2021）。

不过，如果ESG行动真的能驱动长期价值，那么投资者就需要这些指标来估计长期价值。但是，如果ESG因素确实促进了长期价值，那么它们并不比任何其他类型的无形资产更特殊。因为我们知道，公司价值的形成不仅仅依赖于财务因素，这一点至少在过去30年里就已经被广泛认识到了。比如Kaplan和Norton在1992年就提出了“平衡计分卡”，通过客户满意度、内部流程、组织的创新和改进活动的运营指标来补充财务指标，这些都是未来财务业绩的驱动力。公司在ESG指标上的表现被赋予了特殊的光环，但是正如Edmans（2023）提到的，ESG“没什么特别”。这并不是要贬低，而是要强调ESG与其他推动长期价值的因素相比，并没有更好或更差。

二　权衡难题：ESG 行动产生的新代理问题

如果我们期望公司通过非股东价值最大化的标准，如用社会福利最大化标准来实践 ESG 行动，这会产生许多复杂问题。比如站在谁的立场上制定战略和执行行动？应该用什么标准来平衡企业成本和提供的社会服务？每个公司是否能自由决策？还有，在众多可能的社会项目中如何权衡，并决定为每个项目分配多少股东财富？

这些问题涉及因提高企业社会责任标准，而产生新的代理问题。比如，当管理层按照企业社会责任倡导者的指示行动，而非关注股东价值时，就会产生代理问题，因为代理人的特定偏好决定了公司的 ESG 行动。同时，将公司资源用于企业社会责任的公司，会有更少的资源满足其他隐性要求权，可能还会贬低这些要求的价值，进而降低公司价值。

比如，企业发表 ESG 行动声明而不实践的现象，在产业界十分普遍。比如美国很多大公司声明了自己的 ESG 行动却没有做实质事情。Raghunandan 和 Rajgopal（2022）用商业圆桌会议声明事件观测了企业的这一行为。商业圆桌会议（BRT）是一个庞大且深具影响力的商业团体，包含了许多美国最大的公司。2019 年 8 月 BRT 声明宣称，公司的宗旨是为所有利益相关者提供价值，而不是仅仅最大化股东价值。两位学者得出的结论是，与同行业的其他上市公司相比，签署了 BRT 声明的公司：在环境和劳工违规行为上更为频繁，并支付了更多的罚款；拥有更大的市场份额；在政策游说上开销更大；股票回报率更低，经营利润率也更差。此外，他们没有找到任何证据表明，这种对利益相关者的承诺转化为了实际行动。这种情况正符合管理隐性要求权时的预期。Bebchuk 等（2020）在研究高层管理人员在私募股权公司收购中的议价能力时发现，企业领导人利用他们的议价能力，去为股东、高管和董事创造了利益。但是尽管他们明知收购增加了利益相关者的风险，企业领导却很少利用他们的权力为利益相关者提供相应的谈判保护措施。其他的学者也发现了这样的说而不做行为，社会和环境股东提案对公司行动和股价均没有统计学上的显著影响等。

随着世界经济一体化和国际竞争的加剧，这个问题可能会变得更加重要。这些问题的出现，是因为 ESG 行动价值与股东价值最大化这一明确目标不同，行业组织和政府以及学术界，并没有提供企业如何管理权衡的指导。实际上，典型的企业社会责任建议通常根本不承认任何权衡的存在。它们通常将为非投资者的利益相关者提供额外的利益视为有益的。

面对被 ESG 表面指标裹挟的洪流，企业意识到执行 ESG 行动也带来额外成本，这套监督机制也有自己的问题。如果企业难以躬身入局，实质性地创造长期价值，就只是符合投资人和大众审美而已的表面行动。根据美国商会的说法，没有一家公司愿意在上市后发现自己受到无休止的政治运动的影响，而这些运动的目的，是让一个由创始人白手起家的企业难堪。一个可能的路径，是企业通过私有化来避免在商业利益、社会责任之间做出选择，做真正联合自身利益与公众利益的事情。从效率、长期稳定供给 ESG 公共产品的角度，这样的一些新思路正在被讨论。

参考文献

李伟阳、肖红军：《企业社会责任的逻辑》，《中国工业经济》2011 年第 10 期。

李颖、吴彦辰、田祥宇：《企业 ESG 表现与供应链话语权》，《财经研究》2023 年第 8 期。

苏畅、陈承：《新发展理念下上市公司 ESG 评价体系研究——以重污染制造业上市公司为例》，《财会月刊》2022 年第 6 期。

伊凌雪、蒋艺翅、姚树洁：《企业 ESG 实践的价值创造效应研究——基于外部压力视角的检验》，《南方经济》2022 年第 10 期。

Atkins, J., Atkins, B. C., Thomson, I., et al., "'Good' News from Nowhere: Imagining Utopian Sustainable Accounting", *Accounting, Auditing & Accountability Journal*, 2015.

Auster, R. D., "Private Markets in Public Goods (or Qualities)", *The Quarterly Journal of Economics*, Vol. 91, No. 3, 1977.

Boiral, Olivier, "Accounting for the Unaccountable: Biodiversity Reporting and Impression Management", *Journal of Business Ethics*, Vol. 135, No. 4, 2016.

Buchanan, J. M., Musgrave, R. A., *Public Finance and Public Choice: Two Contrasting Visions of the State*, MIT press, 1999.

Buchanan, Bonnie, Cathy Xuying Cao, and Chongyang Chen, "Corporate Social Responsibility, Firm Value, and Influential Institutional Ownership", *Journal of Corporate Finance*, No. 52, 2018.

Buckley, E., Croson, R., "Income and Wealth Heterogeneity in the Voluntary Provision of Linear Public Goods", *Journal of Public Economics*, Vol. 90, No. 4-5, 2006.

Cornell, B., Shapiro, A. C., "Corporate Stakeholders, Corporate Valuation and ESG", *European Financial Management*, Vol. 27, No. 2, 2021.

Cuckston, T., "Bringing Tropical Forest Biodiversity Conservation into Financial Accounting Calculation", *Accounting, Auditing & Accountability Journal*, Vol. 26, No. 5, 2013.

Economides, G., Philippopoulos, A., Vassilatos, V., "Public, or Private, Providers of Public Goods? A Dynamic General Equilibrium Study", *European Journal of Political Economy*, No. 36, 2014.

Edmans, A., "The End of ESG", *Financial Management*, Vol. 52, No. 1, 2023.

Falkinger, J., Fehr, E., Gächter, S., Winter-Ebmer, R., "A Simple Mechanism for the Efficient Provision of Public Goods: Experimental Evidence", *American Economic Review*, Vol. 91, No. 1, 2000.

Flammer, Caroline, "Does Corporate Social Responsibility Lead to Superior Financial Performance? A Regression Discontinuity Approach", *Management Science*, Vol. 61, No. 11, 2015.

Garriga, Elisabet, and Domènec Melé, "Corporate Social Responsibility Theories: Mapping the Territory", *Journal of Business Ethics*, No. 53,

2004.

Holtermann, S. E., "Externalities and Public Goods", *Economica*, Vol. 39, No. 153, 1972.

Ketter W., Padmanabhan B., Pant G., et al., "Special Issue Editorial: Addressing Societal Challenges through Analytics: An ESG - ICE Framework and Research Agenda", *Journal of the Association for Information Systems*, Vol. 21, No. 5, 2020.

Kiernan M. J., "Universal Owners and ESG: Leaving Money on the Table?", *Corporate Governance: An International Review*, Vol. 15, No. 3, 2007.

Lins, K. V., Henri S., and Ane T., "Social Capital, Trust, and Firm Performance: The Value of Corporate Social Responsibility during the Financial Crisis", *The Journal of Finance*, Vol. 72, No. 4, 2017.

Lokuwaduge, C. S. D. S., Heenetigala, K., "Integrating Environmental, Social and Governance (ESG) Disclosure for A Sustainable Development: An Australian Study", *Business Strategy and the Environment*, Vol. 26, No. 4, 2017.

Masulis, Ronald W., and Syed Walid Reza, "Private Benefits of Corporate Philanthropy and Distortions to Corporate Financing and Investment Decisions", *Corporate Governance: An International Review*, Vol. 31, No. 3, 2023.

Montgomery, M. R., Bean, R., "Market Failure, Government Failure, and the Private Supply of Public Goods: The Case of Climate-Controlled Walkway Networks", *Public Choice*, Vol. 99, No. 3-4, 1999.

Morgan J., Tumlinson J., "Corporate Provision of Public Goods", *Management Science*, Vol. 65, No. 10, 2019.

Nordhaus, W., "Dynamic Climate Clubs: On the Effectiveness of Incentives in Global Climate Agreements", *Proceedings of the National Academy of Sciences*, Vol. 118, No. 45, 2021.

Porter, Michael, George Serafeim, and Mark Kramer, "Where ESG

Fails", *Institutional Investor*, Vol. 16, No. 2, 2019.

Raghunandan, Aneesh, and Shivaram Rajgopal, "Do Socially Responsible Firms Walk the Talk?", Available at SSRN, 2022.

Ramelli, Stefano, et al., "Investor Rewards to Climate Responsibility: Stock-price Responses to the Opposite Shocks of the 2016 and 2020 US Elections", *The Review of Corporate Finance Studies*, Vol. 10, No. 4, 2021.

Samuelson, P. A., "Contrast between Welfare Conditions for Joint Supply and for Public Goods", *The Review of Economics and Statistics*, 1969.

Shrestha, M. K., Feiock, R. C., "Transaction Cost, Exchange Embeddedness, and Interlocal Cooperation in Local Public Goods Supply", *Political Research Quarterly*, Vol. 64, No. 3, 2011.

Tan C., "Private Investments, Public Goods: Regulating Markets for Sustainable Development", *European Business Organization Law Review*, Vol. 23, No. 1, 2022.

Wendner, R., Goulder, L. H., "Status Effects, Public Goods Provision, and Excess Burden", *Journal of Public Economics*, Vol. 92, No. 10-11, 2008.

Zumente, Ilze, and Jūlija Bistrova, "ESG Importance for Long-term Shareholder Value Creation: Literature vs. Practice", *Journal of Open Innovation: Technology, Market, and Complexity*, Vol. 7, No. 2, 2021.

第三章　中国企业实践 ESG：战略与业务重塑

第一节　中国企业对 ESG 战略的理解

我们到了一个公众更重视气候风险，更关注社会公共利益的时代。与此同时，数字工具的监测、记录和传播，也让公司行为能够被公众和投资监督到，具有放大作用。在公众、投资者、企业利益的共同推动下，ESG 责任成为众多企业的共识——它从之前的企业可选项、成本项，变成必答项、效益项。企业逐渐意识到，这是时代和企业发展的内生需求，而非外部负担强加。

在这样的背景下，越来越多的企业对 ESG 责任的态度，从“要我做”变成“我要做”。2022 年，《哈佛商业评论》与贝恩公司联合进行了一个企业调研，询问企业家未来 5 年最重要的战略议题是什么?[①] 调研结果如图 3-1 所示，100%的受访企业将 ESG 作为公司未来 5 年的战略议题之一：这是大家最关注的议题。

不过，对于企业而言，践行 ESG 责任既要兼顾社会效益和公司效益，还要满足各相关利益方的关切。当外部投资者不单单以企业财务报表来判断企业好坏时，企业如何将战略、业务和 ESG 责任实现统一，就成为企业必须思考和回答的时代命题了。

---

① 《哈佛商业评论》与贝恩公司联合发布了《放眼长远，激发价值——中国企业 ESG 战略与实践白皮书》。

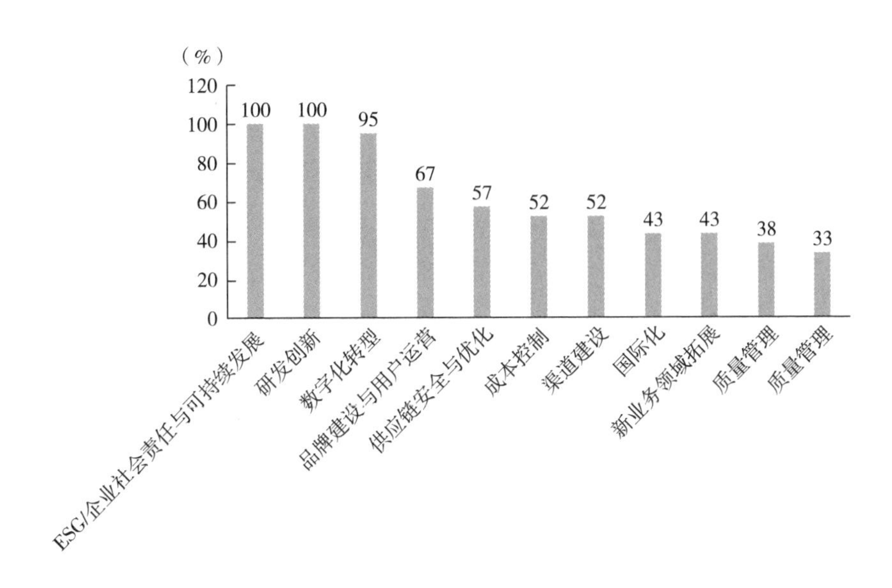

图 3-1 公司未来 5 年关注的战略议题？（多选）

在中国企业家的眼中，不同企业对于 ESG 相关的战略的理解和解决方案，依据公司业务、压力、基因和产品形态，存在巨大的差异。比如腾讯认为，公司 ESG 战略的制定是基于公司持久奉行的“用户为本，科技向善”的愿景和使命，希望能够发挥产品、技术和平台的服务能力，为环境、社会等公共议题探索解决方案。小米集团创始人兼董事长雷军强调科技和创新在实现可持续性方面的重要性，认为科技公司可以通过研发创新产品和解决社会问题来推动可持续发展。娃哈哈集团董事长宗庆后认为，“双碳”目标是企业的挑战更是机遇，社会责任是企业可持续发展的必要条件，一个企业如果不愿意履行社会责任，必然不可能实现长远发展。

观察企业对 ESG 战略的理解，可以看到，一方面，企业在迎合消费者和社会的需求。越来越多的消费者关注企业的 ESG 行动，并倾向于支持那些在 ESG 方面行动积极的企业。这迫使企业必须行动以满足市场需求，维护客户，获取更多的市场份额，甚至使其成为品牌价值的一部分。在消费市场上，年青一代的消费者对于更有社会责任使命和可持续发展目标的品牌，更为喜爱。VOGUE Business 发布的《解码

Z 世代的可持续消费观》[①] 提到，58%的 Z 世代（指出生于 1995 年至 2009 年的人群）认为最重要的是“转变消费观念，注重环保，节约资源和能源”。如何迎合，基于企业感知到的社会责任价值，结合自身情况而行动？户外服装和装备制造公司巴塔哥尼亚甚至于 2022 年 9 月激进宣布，将公司所有利润用于应对气候危机、保护未开发土地等保护地球的行动。

另一方面，企业也在满足投资者的期待，因为投资者也越来越关注 ESG 问题。例如，黑石集团首席执行官拉里·芬克（Larry Fink）认为，“可持续性是长期价值创造的关键。作为投资者，我们必须了解和评估企业的 ESG 表现，因为这将直接影响其长期竞争力和业绩”。加州公务员退休基金（CalPERS）董事长安妮·辛普森·休斯敦认为，“作为长期投资者，我们认识到 ESG 因素对于资产组合的风险和回报具有重要影响。我们致力于投资那些在环境、社会和治理方面表现良好的企业，以实现长期可持续的投资收益”。投资人越来越意识到 ESG 因素对企业的长期价值和业绩产生的影响，并将其纳入投资决策和战略中。正是这些投资人的驱动，促使企业关注自身 ESG 风险和机会。

目前，大部分中国企业已经认识到了承担 ESG 责任的战略意义与长期价值，并正在进行一些有益尝试。但由于中国企业在制定 ESG 行动时，既要符合全球通用标准，结合中国国情，还要立足行业和自身业务特点，很多企业在 ESG 理念与业务之间，存在很多困惑。比如企业管理层对于 ESG 行动及其对企业的重要性，尚未形成统一的认知；企业董事会对于 ESG 问题和管理，以及在创造风险与机遇方面，尚无准备。更重要的是，企业内部无法厘清 ESG 战略与企业整体战略、ESG 战略与企业具体业务之间的关系。这一方面无法与企业战略目标融合，另一方面不容易得到企业业务部门的支持，与业务线脱节。

为使 ESG 战略真正有意义，避免公司简单地为了迎合投资者和消

---

① 2022 年首届上海绿色消费季，欧莱雅中国携手 Vogue Business，发布了国内首份聚焦 Z 世代年轻人可持续消费观研究报告《解码中国 Z 世代的可持续消费观》。

费者的关注，而故意“凹造型”，将 ESG 数据的披露、ESG 报告的发布、ESG 评级的提升作为唯一要务，实质性地践行 ESG 责任的原因和相关行动，需在公司战略中有所体现，并贯彻到业务中去。公司需要顶层理解监测并通报相关 ESG 数据的原因，并且能够在公司业务中，得到体现和解释。

本章后续小节分别从 ESG 的三个维度出发，讨论在环境、社会责任、治理方面有巨大压力的企业，是如何融合 ESG 责任到公司战略和公司业务中去的。另外，除大型企业的 ESG 战略和业务重塑外，中小企业同样面临压力，我们从中小企业的角度，同样进行了问题的讨论。我们关心企业是如何进行 ESG 理念和企业行动对话的，如何在为了合规需要的 ESG 定期报告和公司实质性地、持续不断地产生社会影响力之间，建立共同诉求和平衡点的。

第二节　高碳压力型企业的 ESG 实践：以伊利集团为例

一　碳排放大户的压力

伊利集团是中国市场份额最大的乳制品企业，每天有 1 亿多份伊利产品到达消费者手中。伊利在液体乳市场占有率为 33.4%、成人奶粉市场占有率为 25.3%。困扰这家企业的是，它同时也是碳排放大户，面临极高的碳减排压力。

乳制品厂商的上游养殖行业，一直是碳排放监控的重点行业。根据联合国粮农组织测算，全球 10.5 亿头牛排放的二氧化碳占全球温室气体总排放量的 18%。相较于西方发达国家，中国乳制品企业面临的碳中和责任与压力更大，因为它们身处一个乳制品消费持续增长的市场环境中。据中国奶业协会发布数据，近年来中国乳制品消费保持高速增长，2022 年中国人均乳制品消费量折合生鲜乳为 42 千克，相较 2012 年的 31.1 千克，大幅增长 35%。

伊利面临的 ESG 环境压力不仅来源于乳牛消化的碳排放问题，还有能源效率、自然资源保护等环境压力。在能源效率和能源利用方面，包括工厂是否使用绿色能源、供应链运输环节产生的二氧化碳等问题，备受相关利益者的重点监督。在乳制品的生产过程中，电力、燃气和热能被大量消耗，伊利需要思考如何提高能源效率和转向清洁能源。另外，在自然资源管理方面，伊利的业务直接涉及乳牛饲养、水资源管理、自然资源管理和利用。在养殖和生产的过程中，需要注意土地和水资源保护、生物多样性保护。

相关利益者对于伊利这个碳排放大户，用很苛刻的眼光在看问题，伊利不得不采取行动。一方面，随着社会对高品质生活的追求不断提升，环境保护已成为公众焦点，消费者对于可持续性产品的需求日渐增长。他们越来越多地关注企业的环境保护和社会责任表现，倾向于选择那些在 ESG 方面表现优异的品牌和产品。2023 年 5 月利乐发布的《牛奶消费趋势报告》显示，虽然有55%的消费者是价格敏感的，认为价格上涨会对他们的乳制品购买力产生相当大的影响，但同时消费者对产品质量要求也提高了，消费者在做出消费选择时，会将环保的因素考虑在内。有 77%的消费者认为，如果企业不采取行动应对气候变化，他们会非常失望。

消费者这一认知的变化，直接对乳品品牌的生产方式产生直接影响。作为乳品行业的标杆，伊利集团能否迎合市场偏好的这一转变，努力满足消费者对可持续性产品的需求，以维护其市场竞争地位，就成了待议命题。任何不合规或不负责任的行为都可能带来声誉损失、法律诉讼及经营挑战等风险。据伊利集团的可持续发展报告所述，为了回应这一市场需求，伊利采取了诸多措施。例如，他们推出了一系列绿色环保的产品选项，包括低碳足迹的乳品和有机乳品，这些产品的推出旨在满足消费者对环保产品逐渐增长的需求。这样的行动不仅体现了公司的社会责任感，同时也构建了一个对环境负责、对社会友好的企业形象，有助于公司在未来市场中获得更稳固的地位。

第二，当下，越来越多的投资者在做出投资选择时，开始重视 ESG 因素，并将其作为重要的投资决策依据。很多机构投资者在投资组合管理原则上，深度融合了 ESG 原则。比如在中国，管理规模

7000 亿元的建信基金于 2021 年 7 月加入 UN PRI 后，将负责任投资建设与 ESG 投资整合纳入公司战略，在投研、营销、产品等经营管理全流程上注重 ESG 原则。在权益投资方面，建信基金为了将 ESG 评估方法与现有内部投研方法进行融合，直接在投研流程上注重 ESG 因素，并在风险管理方面增设独立的 ESG 控制管理体系，在绩效评估方面增设 ESG 投资情况反馈与绩效评价。

作为上市公司，伊利集团面临的挑战是如何吸引投资者的兴趣和获取信任。仅有良好的财务表现是不够的，良好的 ESG 足迹同样也是现代投资者关注的重点。伊利集团需要积极实施 ESG 行动来回应投资者对可持续发展的期待，也为公司赢得更广泛的投资支持和资源。2019 年，伊利集团向外界宣布，公司正式加入了联合国全球契约组织（UN Global Compact），这一举措展示了伊利对于全球可持续发展目标的承诺。伊利集团还在其可持续发展报告中明确指出，ESG 风险管理是公司企业风险管理体系中的关键组成部分。伊利不仅仅在报告中提出了风险，更是采取了切实可行的措施来进行有效管理。举例来说，伊利建立了全面的供应链管理体系，旨在保障整个供应链的可持续性和透明度，同时减少环境和社会风险可能对企业造成的不利影响。这些措施不仅提升了伊利的企业形象，更是在投资者中树立了其作为一个负责任且可持续发展的企业的稳固地位。

二　战略和业务调整

可持续发展是一条漫长而艰难的道路，企业在履行社会责任的道路上，需要长期的努力才能见到成果，过程中需要随时进行风险管理。伊利集团董事长潘刚深知做到这点的难度，认为企业在追求社会责任的过程中，厚度要优于速度。而做好厚度的首要驱动因素，就是要在可持续发展的实践中，更注重 ESG 的深度融合与长期战略的一致性。这要求企业建立并维持一种长期主义的价值观，将企业的 ESG 战略转变为长期且持续的行动。

伊利从 2007 年开始，在外部压力和内部驱动力的共同影响下，逐步在企业战略中融合 ESG 责任。2007 年，潘刚提出了“绿色领导力”概念，将履行社会责任视为转变传统生产经营模式和管理模式、促进企业转型升级和提升企业核心竞争力的重要课题。2009 年，伊利集团将“绿色领导力”升级为“绿色产业链”战略，即作为行业的领导者，伊利承担起了引领行业绿色发展的责任，推广绿色理念，建立绿色标准，生产绿色产品，努力推动产业链上下游各个环节协同工作，共同迈向可持续发展的未来。

2017 年，伊利成立了可持续发展委员会，确立“标准+体系+实践”的三位一体可持续发展模式。该委员会由伊利董事长潘刚直接领导，委员会指导伊利集团、事业部和工厂在可持续发展的四大行动领域展开密切合作，包括产业链共赢、质量与创新、社会公益、营养与健康。也是从当年开始，伊利将供应链上游的牧场碳排放纳入其碳盘查范围。2021 年潘刚董事长正式发布了“全面价值领先”战略目标，全力打造社会型企业。伊利提出的“全面价值经营”战略，意味着企业把“社会价值领先”作为企业管理目标，放在更重要的位置。配合这个战略，伊利目前下设“可持续发展委员会—可持续发展管理办公室—可持续关键议题工作组”，形成“决策层—组织层—管理推进层—执行层”自上而下的四层 ESG 管理架构。

伊利的 ESG 战略是如何体现在业务中，与具体业务融合的？

伊利于 2009 年在食品饮料行业首先提出“绿色产业链”倡议后，从 2010 年开始，率先开展全面碳盘查。伊利依照 ISO14064 国际标准①及《2006 年 IPCC 国家温室气体清单指南》，组建专业团队盘查碳排放情况。由国际检验认证机构颁发的碳中和核查声明（PAS2060）证实，伊利已于 2012 年实现碳达峰，将在 2050 年前实现全产业链碳中和。碳盘查行动也积极推动了产业链各环节供应商作出改变。2017 年，上游牧场的碳排放信息被伊利纳入碳盘查范围；2021 年，200 多家主要原辅料供应商的碳排放信息被纳入。

---

① 2006 年 3 月 1 日，国际标准化组织发布了 ISO14064 标准。该标准由三部分组成，包括一套温室气体计算和验证准则，为政府和工业界提供了一系列综合的程序方法，旨在减少温室气体排放和促进温室气体排放交易。标准规定了国际上最佳的温室气体资料和数据管理、汇报和验证模式。组织可以通过使用标准化的方法，计算和验证排放量数值，确保 1 吨二氧化碳的测量方式在全球任何地方都是一样的。这使排放声明不确定度的计算在全世界得到统一。

在绿色发展战略目标下，工厂、生产流程、供应链、产品被重塑。截至 2023 年，伊利打造了 5 家零碳工厂，41 家工厂获得了国家级“绿色工厂”称号，推出了 5 种零碳产品，携手 88 家全球战略合作伙伴组成了行业零碳联盟。

在“绿色产业链”战略引领下，探索全链减碳新模式过程中，种养结合的苜蓿种植模式是较为成功的项目之一。为了解决草场沙化问题，伊利在内蒙古阿鲁科尔沁旗草原进行了试点，种植了固碳能力较强的紫花苜蓿、燕麦。该项目采用机械化和节水喷灌技术种植模式，通过治理风沙源头，改善项目区土壤、植被和生态环境。截至 2021 年底，项目核心区植被覆盖度已从 2008 年的不足 10%提升到 95%以上。

作为碳排放大户，为降低在生产和运输中的碳排放，伊利积极在其生产过程中进行管理，主要通过改进生产工艺、节能技术和使用可再生能源等方法。从 2014 年开始，伊利投入 9000 万元用于锅炉改造，更换为污染更小的天然气锅炉；并通过余热回收、热泵等一系列绿色技术，提高工厂的能源利用效率。此外，伊利也投资于研发和应用碳减排技术，以推动碳排放的减少。比如 2016 年，伊利股份在绿色生产部分的投资达到了 1.5 亿元，占当年集团净利润的 3%。2022 年 4 月，伊利发布中国食品行业第一个“双碳”目标及路线图，并制定了 2030 年、2040 年、2050 年三个阶段的具体任务。2022 年联合国全球契约组织（UNGC）发布《科学碳减排目标企业净零标准》，并宣布启动气候雄心加速器项目（CAA 项目）落地中国。伊利第一时间参与到了该项目中去，通过 6 个月的项目执行期，在联合国以行动为导向的气候领域能力建设系统支持下，把“双碳”目标和《巴黎协定》落到实处。

除全链减碳外，伊利还摸索了水足迹解决方案。在对水资源的可持续管理方面，伊利是中国首家承诺并成功加入联合国《水行动议程》，成为中国食品行业首家开展“水足迹”认证的企业。它在实际行动中展现了对水资源保护的承诺，完成了 5 家工厂及其 3 款主要产品的水足迹认证，这一举措证实了其在减少水资源消耗和影响方面的具体成果。更值得注意的是，伊利集团的努力并非孤立的。该集团通过其引领的“全球低水足迹倡议联盟”，成功吸引了49家合作伙伴的加入。

第三节　高社会责任压力型企业的ESG实践：以阿里巴巴为例

一　业务无处不在，压力无处不在

企业的商业模式从根本上是与技术进步紧密相连的，随着技术进步，商业模式也在不断演进。第一次工业技术革命将人类带入了蒸汽时代，让商品进行大规模标准化生产成为可能，催生了一批制造业企业。在互联网浪潮下，企业商业模式不断演进。新的企业形态——平台型企业，颠覆了传统行业，成为经济增长的中流砥柱——2023年末，全球市值最高的10家公司中，有5家是平台型企业，分别是3万亿美元的苹果公司，2.8万亿美元的微软公司，还有谷歌、亚马逊和元宇宙平台公司。

近年来，随着数字信息技术渗透进人们生产、生活的方方面面，企业要素集聚、生产制造、市场交易的各个环节发生了巨大改变，平台型企业无疑是基于数字信息技术，变革最大，也是对传统企业破坏性最大的一类。从仓储、物流、支付、市场交易、社交、搜索，到教育、医疗、旅游，平台型企业正在全面改变传统产业的内外部分工与合作，正在颠覆性地重构各个行业的逻辑与秩序。它们在全球经济版图中占据核心地位，对经济的贡献重大。它们不仅通过高效匹配提高了生产效率，提高了资产使用效率，还是很重要的创新来源（Evans and Gawer，2016；Kapoor et al.，2021）。

自古以来，以平台组织形式存在的企业其实有很多，如书店、集市、超市，都是传统销售平台。但是在今天，平台企业的社会责任备受关注，主要是因为在数字时代，互联网平台企业本身的特性——具备网络效应。在数字时代，平台能将市场参与者聚集到平台上来，在平台上进行互动，实现多方主体之间的协同作用（Parker and Van Alstyne，2017；Anderson et al.，2023）。这种经济模型的持续性和生存力量，取决于不断增加的参与者，这些参与者保障了它的运作不断流转。在平台经济推动的生态中，这些企业不仅在市场上占据显著优势和主导地位，而且对社会的影响，也远超过其商业规模所涉及的范围。

在 ESG 社会责任维度，平台型企业正是因为广泛地与平台用户建立联系，并通过用户的集体行为产生规模化的影响，而肩负压力。平台型企业的社会责任影响力，主要体现在以下两个方面。

一方面，在平台商业生态中，处于核心的平台企业扮演着关键角色，推动着整个生态的可持续发展。它们协调、决定着生态圈内的资源分配、要素共享和价值分配，共同落实商业生态圈的社会责任愿景。通过这种方式，平台企业保障生态圈内成员的社会责任行为秩序，防止任何单一用户的机会主义行为通过网络效应损害平台的价值。这也决定了，生长于平台上的大大小小的商家和合作伙伴需要遵循平台制定的商业规则，他们的成长既受到平台的支持，也同时受到平台的制约。平台的资源倾斜和不公平对待，可能随时给他们带来好处和坏处，像一国之邦之于子民一样。

另一方面，平台也在引导公众行为，成为公众行为和价值观念的塑造者。它们的影响力主要体现在两个层面：从短期来看，平台企业的业务模式直接改变了公众的消费模式；长期来看，平台所构建的商业模式深刻影响着公众的心智和价值观念。公众获取信息、获得服务的方式，随着平台企业重塑系统化的业务流程，而有了显著改变。比如，在外卖行业，包括美团外卖在内的餐饮外卖平台显著改变了公众的餐饮习惯，线上外卖收入占餐饮收入的比重，从 2018 年的 10.9%，直线上升至 2022 年的 25.4%。正是由于这种外部性，在这一进程中，平台企业应当负起社会责任，确保对公众尤其是年青一代的消费行为、价值观念形成起到积极的引导作用。

二　战略和业务重塑

阿里巴巴集团自 1999 年成立以来，经历了从 B2B（企业对企业）

到 C2C（消费者对消费者）再到 B2C（企业对消费者）的电子商务模式的演变。在核心的电子商务业务之上，阿里巴巴逐步拓展并构建起一个涵盖多个领域的巨大平台生态系统。该系统不仅包括电商和新零售，还囊括了金融科技、物流、文化娱乐和云计算等多元业务。在过去的 20 多年中，阿里巴巴不仅仅是转变为一家技术驱动的公司，还成为数字经济时代的商业基础设施，致力于通过其多元化的平台服务，推动商业和社会的数字化和智能化进程。

阿里巴巴集团的愿景和使命：让天下没有难做的生意。其通过强大的平台能力，正在推动全球范围内的经济活动朝着更开放、更便捷、更智能的方向发展。截至 2023 财年，阿里巴巴服务了超过 10 亿的中国消费者，成为消费市场繁荣的重要力量。同时，它也触及全球超过 4700 万名活跃的中小企业，帮助他们在数字经济中找到了成长和发展的机会。这家拥有数十亿消费者和上千万企业的商业和技术平台，似乎拥有无所不能的商业能力，平台算法和目标的微小调动，都关系到平台上上亿商家和消费者的生死。作为中国最重要的平台型企业之一，阿里巴巴在 ESG 社会责任维度，面临巨大压力，需要帮助缓解关键的社会挑战，实现自身、合作伙伴以及社会的长期可持续发展。

阿里巴巴在探索 ESG 实践的过程中，公司各层级都在深刻反思：怎样才能在追求商业增长的同时，平衡好公司的长短期利益，承担好社会责任？阿里巴巴在实践 ESG 的道路上逐渐领悟到，ESG 必须是自上而下的战略，必须坚持长期主义精神，必须厘清商业和社会责任的内生关系。

2022 年 8 月，阿里巴巴在首份 ESG 报告中明确界定了七个长期战略方向并形象化地将其比喻为一朵由七片花瓣构成的花。这七片花瓣分别是：修复绿色星球、支持员工发展、服务可持续的美好生活、助力中小微企业高质量发展、助力社会包容和韧性、推动人人参与的公益，以及构建信任。阿里巴巴旨在通过这七个方向上的努力，不仅在商业领域取得成就，更在商业之外塑造深远的社会价值。

2023 年 7 月，阿里巴巴集团发布了最新版的 ESG 报告。在延续

2022年形成的ESG七大战略方向的“七瓣花”基础上，进一步探讨了如何更深入地将ESG原则融合到商业运作中。

为了有效地在ESG实践中担当起社会责任并迎接挑战，阿里巴巴采取了明确的策略。第一，公司对可能肩负的社会责任进行了界定。由于企业不可能承担所有的社会责任，因此，阿里巴巴对责任进行了优先级排序，确立了公司能力范围内的关键领域和最迫切的任务。通过“七瓣花”的战略梳理，阿里巴巴把自身名目繁多的社会影响，汇总为具体的5个大的方向（支持员工发展，服务可持续的美好生活，助力中小微企业高质量发展，助力提升社会包容与韧性，推动人人参与的公益）。第二，高效利用科技。阿里巴巴认识到，没有科技的支持，就无法实现高效率的操作和实质性的变革。企业承诺不停留在战略规划阶段，或是仅仅作为一个表面的示范项目，而是要利用科技实际解决问题。第三，阿里巴巴致力于建设一个健康的参与者生态，激励所有相关方的积极参与，系统性和规模性地解决环境和社会问题。公司通过这种方式促进各方的共同努力，实现可持续的发展目标。

在具体业务的执行过程中，阿里巴巴持续以自身独特能力和方式积极践行社会责任，保证将ESG社会责任战略，有机地融入公司的商业设计和日常运营之中。在2023财年，淘宝天猫服务视障用户超过32万人；达摩院利用AI技术自研智能筛查阿尔茨海默病工具，已帮助118746位老人筛查；高德地图累计提供超过90万次无障碍轮椅导航规划；“少年云助学”计划为102所学校部署落地“云机房”，服务超60000名师生；菜鸟努力提升乡村物流效率，建设超过1460个县级共同配送中心，在村、镇建设了近50000个快递服务站；阿里巴巴公益联合阿里健康搭建基层医生学习平台，累计培训基层医生14002人。

在过去数年间，在与平台用户息息相关的数据安全和隐私保护方面，阿里云在2015年7月率先提出中国首个《数据保护倡议》，该倡议基于三大核心原则来保障企业用户的数据安全：数据所有权归用户；数据控制权由用户主导；数据安全得到保障。根据Gartner在2021年的评估，阿里云在数据安全方面获得了最高评级。

再比如，在为平台用户和全社会群众提供美好生活服务方面，阿里巴巴以技术为先，携手公安部共同构建了专门针对儿童失踪信息紧急发布的“团圆系统”。在过去六年中，该平台已发布 5038 条儿童失踪信息，并协调了社会各界的力量，成功助力 4960 名儿童与家人团聚。每一次成功的团聚都具有不可计量的社会价值。

虽然有无处不在的社会责任压力，阿里巴巴在社会责任方面展现了其作为技术和创新领导者的角色，通过倡议、业务和实际项目，促进平台用户、普通民众和地方经济发展。在承担社会责任、解决社会问题的过程中，实现自身、合作伙伴以及社会的长期可持续发展。以科技为先，做一家负责任的科技公司，让技术带着社会责任的温度。

第四节　高公司治理压力型企业的 ESG 实践：以中国中车为例

一　国有企业公司治理难题

在中国，国有企业在整体产出中的占比约为 30%，就业贡献在 15%—20%。国有企业在深化经济体制改革、促进中国经济的结构调整与创新发展、完善经济资源分配、承担社会职责等方面，发挥着重要的作用（郭婧和马光荣，2019；叶静怡等，2019；钟宁桦等，2021）。国有企业承担的这种社会责任，不仅包括明确的“显性”责任，如社会捐助、提供优良的员工福利和参与社会扶助项目。同时，还涉及在关键时刻如金融动荡或疫情时期发挥的“隐性”角色，包括维护宏观经济稳定和保障就业市场的稳定。

自党的二十大以来，面对中国经济增速放缓、地缘政治风险提升、外在冲击增大等风险挑战，国家对国有企业的关注和期望愈加提升。在发展方面，国资委对国有企业的评价指标，从“两利四率”调整为“一利五率”，目标定为“一利五率”的“一增一稳四提升”。具体地，“一增”指的是确保利润总额的增速超过全国 GDP 的增长速度，争取更佳的业绩；“一稳”指的是保持资产负债率的总体稳定性；

“四提升”涉及净资产收益率、研发经费投入强度、全员劳动生产率和营业现金流量比率四个方面的提高。

除公司经营方面的期望外，正是由于国有企业特殊的股权属性，国有企业在具有外溢效应的环境管理、社会责任方面，被要求承担许多工作。在安全领域，中国政府强调国有企业在保障粮食、能源资源安全及关键产业链和供应链安全中的关键作用。在投资方面，鼓励国有企业进行研发和基础设施建设投资。在公司治理方面，突出强调构建具有中国特色的现代企业制度，包括合理的人才激励机制。在资本市场方面，一方面倡导构建具有中国特色的现代资本市场和估值体系，优化资本市场资源配置；另一方面着重国有企业在资本市场稳定性方面的作用。

在与 ESG 相关的环境保护和可持续发展领域，尤其在碳减排和发展绿色产业方面，国有企业在中国扮演着先锋角色，受到更加直接的外部监管和要求。中国正致力于实现“双碳”目标，促进经济向绿色低碳模式转型。尽管目前尚未对所有企业实施强制性的 ESG 信息公开要求，或执行统一的规范性框架，但针对国有企业，政府已经采取了先行措施。政府部门和监管机构对国有企业实现“双碳”目标、发布 ESG 披露信息提出了更加精细化的政策要求。2022 年 5 月，国务院国有资产监督管理委员会（以下简称国资委）发布文件，要求更多的中央企业控股上市公司发布 ESG 专项报告；2023 年 8 月，国资委进一步出台《关于转发〈央企控股上市公司 ESG 专项报告编制研究〉的通知》，对央企控股上市公司 ESG 报告的编制提出了具体规范。国有企业的可持续发展相关报告披露率高于 A 股平均水平，但是总体占比仍不到 50%。在 ESG 环境得分方面，国有企业表现优异。截至 2023 年底，A 股上市的 37 家 ESG 环境得分（Wind 评级）拿到 10 分的企业中，有 19 家是中央及地方国有企业或集体企业。诸如深科技、中国长城、南天信息、中科曙光等国有企业表现优异。

在与 ESG 相关的社会责任方面，国有企业广泛分布在涉及国计民生、国防安全等基础性行业，主要肩负两大类社会责任：一是福利型社会责任，通常体现在执行宏观政策、确保国民经济和社会稳定，如在保障民生、维护经济稳定方面提供支持；二是战略型社会责任，在建设现代产业体系和承担战略性创新任务中起着关键作用，不仅推动经济稳定，也是产业升级和国家经济高质量发展的支柱。例如，在稳定就业方面，中证 800 和中证 1000 的成分股数据显示，尽管央企占比仅为 1/3，但它们提供了超过 55%的就业岗位，凸显了其作为经济稳定器的作用。在 ESG 评估体系中，社会责任维度下的对劳动关系管理、员工培训和发展的重视程度与企业生产力的先进程度密切相关。央企通常能够为员工提供更全面的保障和福利。在二级议题“劳动关系管理”中，央企的平均得分为 0. 11 分，明显高于其他类型企业的得分-0. 08 分，表明央企在劳动关系管理方面表现优秀。

但是，不同性质的企业，由于战略定位不同，也面临不同的 ESG 困境，国有企业在公司治理维度上问题突出。学术界和业界普遍认为，国有企业被赋予过多的非经济目标可能导致效率低下。诸多基于中国样本的研究表明，当国有企业的管理层缺乏有效的监督和激励机制时，与其他所有制形式的企业相比，国有企业的代理成本更高，公司治理的质量更低（李寿喜，2007；张兆国等，2008）。

在公司治理方面，国有企业面临着一系列独特的挑战，股权结构导致的公司治理问题尤为显著（李涛，2005；周泽将和雷玲，2020）。一方面，高比例的国有股份往往导致企业经营缺乏灵活性，对市场反应迟缓。尽管引入社会资本可以起到推动和监督作用，但这一过程充满曲折，尤其是在不同行业对于国有股东持股比例要求各异的情况下。另一方面，国有企业股权分散度不足，也让企业在公司治理方面存在显著风险，包括效率低下的集体决策、国有资产外流的潜在风险以及缺乏强有力监督导致的内部人控制问题。另外，在董事会和监事会层面，国有企业的公司治理同样面临着专业性和参与度不足的问题。

再看公司治理的管理层激励方面，国有企业在设计和实施薪酬和股权激励制度时面临着独有的困难。国有企业管理体制的最大难题之一就是管理层的激励机制不完善（周仁俊等，2010）。据沈红波等（2018）的研究，中国国有企业高管在员工持股计划中的比例平均为

22%，民营企业为 27%，国有企业显著低于民营企业。办好一个企业，关键是有一个好的领导班子。在薪资待遇方面如果做好做坏一个样，很大程度上会挫伤员工的积极性、主动性，即使有既定的制度也不能很好地落实。这些问题综合起来，不仅削弱了外部投资者和其他利益相关者对国有企业的信任，也威胁到了企业的整体健康和国有资产的安全。

二　谋求转型：以评级促管理

中国中车股份有限公司（以下简称中国中车）由中国南车和中国北车合并而来，是目前全球第一大轨道交通装备供应商。在股权结构上，国资委持有中国中车的股份比例为 50.73%，中国中车是由中央管理的国有企业。以“连接世界、造福人类”为使命，以建设世界一流企业为目标，中国中车成为全球规模领先、品种齐全、技术一流的轨道交通装备供应商。

2013 年至 2022 年底，中国中车的整车产品已经出口至 62 个共建“一带一路”国家和地区，整车项目数量共 377 个。目前全球轨道交通装备行业集中度较高，中国中车、阿尔斯通、庞巴迪、西门子四家公司就占据约 82%的市场份额，其中，中国中车市场份额为 53%，是当之无愧的行业龙头。中国中车年报显示，2022 年中国中车营业收入 2420 亿元，净利润 117 亿元，同比增速 13%。

在中国中车的 ESG 实践中，绿色是 ESG 最鲜明的底色。中国中车针对 ESG 的关键议题进行自我审视，识别了公司在绿色发展方面的优势以及存在的不足之处。为了推动绿色低碳理念，中国中车提出了以“6G”为核心的绿色发展战略，包括绿色投资、绿色创新、绿色制造、绿色产品、绿色服务和绿色企业。生产的代表产品，如“复兴号”动车组等轨道交通装备，在运输效率高、能耗低、排放减少及污染小等方面展现了显著优势。2018 年，公司已经实现了碳达峰，并设定了进一步的目标，到 2035 年实现运营碳中和，以及到 2050 年实现全价值链碳中和，这是一项充满挑战的承诺。在具体业务中，中国中车致力于在全产业链中推进零碳能源、零碳交通、绿色制造、碳资产管理、碳信息化以及碳品牌建设等行动，力图在绿色制造领域取得领先地位。

公司治理方面，一向是国有企业面临的挑战，中国中车也在不断寻求转型。中国中车的管理层认知到公司治理水平提升的重要性——“公司治理是企业履行社会责任、实现高质量发展的基石”。虽然看起来是符合外部利益相关者审美的 ESG 评级需要，但中国中车的公司治理转型，最根本的原因由内部驱动。中国中车管理层认识到，通过不断深化公司治理结构的改革，完善治理体系，并提升治理能力，才能实现更加灵活的运营机制、增强公司的创新潜力，并在专业化、规模化发展上取得显著成就，为公司的高质量发展注入新的动力。

2023 年 6 月，中国中车董事长孙永才提出“以评级促管理、以报告促管理”的公司治理双驱动提升模式。在中国中车，管理层认识到，公司治理形成了企业的根本架构，它通过组织结构和制度建设为企业的各个方面提供坚实的支撑。在具体的转型过程中，中国中车首先将 ESG 战略融入集团的总体战略中，确保企业在公司治理维度的可持续发展并与国际标准接轨。公司治理维度涉及了公司治理结构、商业道德、反腐败、信息披露等多个方面。进一步地，中国中车通过一系列明确的指标、行动来推动公司治理的转型升级。

在公司治理的实践活动中，公司将信息披露作为关键抓手，有效地推进了内部管理的改进与提升。例如，针对既有的战略合作协议管理中存在的问题，如管理范围的模糊和管理对象的不明确，以及下属子公司在签订战略合作协议时的标准不一，公司秘书牵头相关部门和子公司举行了专题会议。会议从信息披露的角度出发，识别了公司内部管理的薄弱环节，并通过修订战略合作协议管理办法，明确管理对象和范围，规范集团及其子公司的合作签订流程。对于持股比例达到或超过 50%的非并表企业管理问题，公司通过对照证监会和国资委的监管要求与公司内部实际管理做法，以信息披露为切入点，厘清了实际管理与监管要求之间的差异，并明确了监管要求下的管理路径。中国中车董事会在国资委的规范董事会建设考核评价中连续获得优秀等级。

中国中车进一步将控股股东关键部门及一级子公司纳入信息披露

联络网络。对于规模较大或海外业务较多的子公司，董事会办公室每周主动提醒上报关键信息，提高子公司信息披露的质量，并通过下属上市公司的董办轮训以及人员调配，分享和学习集团信息披露的经验和做法。

在改革进程中，中国中车提出了“优平简去活”的顶层设计理念，主张优化结构、资产、体制和机制，实行扁平化管理，精简管理层级和链条，去除不符合发展需要的部分，以及增强体制机制的灵活性。同时，推出了“四全五能”的改革内容，包括全面推进集团、全覆盖、全穿透、全要素的改革，并实现干部和员工的流动性、收入的弹性、机构设置的灵活性和人才的培养与引进。

这些改革旨在提高中国中车的公司治理能力，增强其应对市场变化的抗风险能力、核心竞争能力和推动高质量发展的能力。中国中车始终以国际企业治理标准为参照，不断提高企业治理水平，建立起权责清晰、协调高效、有效制衡的公司治理结构，以回应外部利益相关者对国有企业公司治理难题的担忧。截至 2023 年底，在 599 只中信行业分类为“机械行业”的股票内部，中国中车公司治理维度 Wind 评分为 7.39，位列行业第 25 位，进入了该分项的前 5%之列。在公司治理维度，中国中车和知名民营企业三一重工、大族激光、科沃斯平起平坐。

第五节　中小型企业的 ESG 实践：以科森科技为例

一　来自链主的生死考验

在实践中，ESG 并不仅仅是大型企业关注的行动，中小企业也主动或者被动地参与其中，重塑战略和业务。许多国际机构、投资机构强调，中小企业也需要在 ESG 方面保持高度关注。当投资者、客户、核心供应链厂商考虑以 ESG 为标准来评估企业的长期价值和合作伙伴关系的时候，这些标准不可避免地会影响小型企业融资、商业订单的市场地位。比如全球最大的公募基金之一先锋集团（Vanguard Group）在其网站上表示，它希望小型企业能够在ESG领域表现出领先地位，从而维护其商业声誉和财务表。最近的一项研究还发现，小型企业在ESG领域的表现比大型企业更优越。世界经济论坛（WEF）在其2019年的一份报告中指出，小型企业正在成为未来的就业机会和经济增长引擎。在这种情况下，小型企业需要考虑ESG问题，以在市场上竞争并维持长期业务成功（WEF，2019）。

比如苹果产业链上的企业，就正在面临这样的生死存亡考验。2020年11月，苹果公司发布信息称，中国供应商和硕联合科技股份有限公司（以下简称和硕联合）出现要求学生员工上夜班和超时工作的情况，违反了供应商行为准则。最终，和硕联合被要求进行整改，并在整改完成之前失去了接受业务订单的机会。2022年11月，苹果产业链公司歌尔股份发布风险提示性公告，称收到境外某大客户的通知，暂停生产其一款智能声学整机产品，预计影响2022年度营业收入不超过33亿元。随后分析师追踪到，歌尔股份暂停生产的产品是苹果的AirPods Pro 2耳机，暂停生产很可能是因为生产问题，被苹果退单。

2022年，中国制造业增加值占全球比重近30%，制造业规模已经连续13年居世界首位。对于中国制造业千千万万的中小企业而言，如果不能达成和产业链上的大企业一致的ESG共识，重塑业务实践，市场份额将面临被侵占风险。在苹果产业链上，苹果公司对供应商的要求由强调技术、成本、质量等生产能力，逐步纳入对供应商可持续发展现状的综合考量。正如苹果公司CEO蒂姆·库克（Tim Cook）所说，“在我们心中，如何生产和生产什么，二者同等重要”。

早在2005年，苹果公司根据相关国际惯例和道德标准，制定了《供应商行为准则》，该准则要求供应商在业务运营中必须遵循相关原则与要求。为了进一步明确供应商的责任，苹果公司还特别制定了《供应商责任标准》，详细列出了供应商应遵守的各项重要责任点，主要分为三类：劳动与人权、健康与安全、环境保护，共涵盖27项具体标准。苹果公司还明确列出了违反供应商责任要求的重大违规事项，并根据国际标准与可持续发展的最新挑战，每年都会对这些准则和标准进行评估和更新。为了评估供应商是否遵循这些责任准则和标准，苹果公司每年都会采用现场审计、管理层访谈、员工访谈和审核文件等多种方式对供应商进行打分，评估机制包括超过 500 项的评测标准。比如 2020 年，苹果公司在全球 53 个国家和地区进行了 1121 次供应商评估。根据《2021 年供应商责任进展报告》，苹果公司进行了 100 多次未预先通知的突击评估和调查，审计团队会寻找违反标准的行为，并推动供应商进行整改。供应商长期和严重的违规行为，可能威胁到其与苹果公司的商业关系，甚至可能导致合作关系的终止。自 2009 年以来，苹果公司已经因为供应商拒绝参与或未能完成审核，将 24 家生产厂商以及 153 家冶炼厂和精炼厂从其供应链中剔除。

对于苹果公司而言，供应链既是公司业务运转的关键支撑，更是公司产业命运的纽带。随着气候变化、自然资源短缺风险的日益凸显，那些采纳循环经济、清洁技术、低碳产品、清洁能源的商业模式，在市场中获得更高的价值认可。2021 年，苹果公司推出的 iPhone 13 手机所用的材料，基本上是再生材料。同年，苹果公司宣布了其雄心勃勃的碳中和目标，要求苹果公司及其供应链在 2030 年前实现碳中和，并承诺每年跟踪评估进度。为了达成这一目标，苹果公司正推动其供应链转变为全面使用清洁能源，并计划到 2030 年实现制造供应环节全面过渡至 100%使用可再生电力。

除此之外，苹果公司还在供应商工作人员的教育发展、职业健康安全、原材料采购的透明度和可追溯性、生产废弃物的零填埋、用水管理以及可回收包装材料等方面制定了详尽的计划和目标。这些可持续发展计划主要由供应商来操作执行，相关目标的压力和责任也大都落在了供应商身上。供应商若在理念、技术和行动上不能与苹果的可持续发展步伐保持一致，就可能丧失其在供应链中的核心地位，甚至被淘汰。

也就是说，要想搭上“果链”，供应商需要面临的不仅是科技不断进步和消费者需求升级所带来的产品性能、制造工艺以及生产技术方面的挑战，还必须符合可持续发展趋势所设立的环境和社会责任标准。据苹果公司发布的供应商责任报告，在2020年，有8%的供应商因未能满足苹果公司所设定的高责任标准而未被纳入苹果公司的供应网络，其中也包括一些现有供应商所管理的新设施。

二　中小企业的行动

昆山科森科技股份有限公司（以下简称科森科技）成立于2010年，注册资金5.6亿元，是一家专注于精密结构件研发、制造和服务的高新技术企业。该公司于2017年登陆上海证券交易所主板市场。科森科技以其对金属结构件的深入研究和专业供应能力著称，并以"以客为尊、勇于创新、团队协作、诚信敬业、任务必达"为核心价值观，致力于成为一个多方合作共赢的模范企业。至2023年末，科森科技是苹果产业链的重要供货商，是A股市场上市值46亿元的小市值公司。

科森科技将产品研发、模具设计和工艺创新作为公司的核心竞争力，基于精密冲压、注塑、压铸、切削、计算机数字化控制精密机械加工（CNC）、激光切割与焊接、金属注射成型（MIM）以及阳极氧化、物理气相沉积（PVD）、喷涂等先进制造技术，为客户提供包括消费电子、医疗设备、新能源汽车、电子烟、光伏发电等领域的终端产品制造服务。随着苹果公司推出"双玻璃+金属中框"设计的iPhone手机，科森科技凭借其在不锈钢和铝合金加工方面的卓越能力，成功打入金属中框的前道加工供应链，成为苹果公司金属结构件核心供应商之一。

对于供应商而言，苹果这个全球最大的智能手机品牌既代表着巨大的商机，也代表着严峻的挑战。一方面，苹果公司巨额的订单能带来可观的收益；另一方面，苹果公司对质量和生产能力的高标准要求供应商不断提升技术和管理水平。在与苹果公司的合作中，许多中国供应商实现了飞速发展，但同时也有企业因无法维持与苹果公司的合作而面临困境。

自2022年起，科森科技积极将可持续发展的理念纳入其生产与经营策略中，逐步建立了一套完整的可持续发展框架。作为消费电子领域的结构件供应商，科森科技在追求产品的卓越品质的同时，更加注重环境保护、员工的全面素质提升和增强员工的归属感。面对全球碳达峰和碳中和的大趋势，公司不断努力在减少碳排放上做出实际行动，为实现国家的“双碳”战略目标贡献力量。

在具体业务落地过程中，科森科技自 2022 年以来，已经策划并启动了 16 个旨在节能减碳的项目，预计至 2023 年底全部完成，总投资估算达 409.6 万元，总额约为 2022 年净利润的 5%。该集团积极推进能源管理体系，通过升级改造生产设备、实施余热回收及节能照明系统改革等措施来提高能源利用效率，以实现在生产和运营过程中降低能耗，践行低碳环保理念。例如，冲床主马达空载超时节能改造项目能在设备空转 5 分钟后自动切换至节能模式，从而减少电能消耗。预计此举可降低能耗 30%，年节约电量达 78 万千瓦时，相应地减少二氧化碳排放 607 吨。此外，焊接车间中真空发生器被更高效的真空泵所取代，预计年节能电量达 217 万千瓦时，减少二氧化碳排放 1680 吨。新引进的自动清洗线取代了原有的高能耗设备，提升了生产效率并节约了能量，预计年节约电量 31 万千瓦时，减少二氧化碳排放 241 吨。对于 CNC 设备，在未使用时切断机台变压器的电源，以此每年节约电量 47 万千瓦时，减少二氧化碳排放 366 吨。

在生产环节，严格控制污染排放。公司将可重复使用的固体废弃物（如塑料托盘、木托板、纸箱、包装桶等）进行回收利用。针对机加工过程中产生的非甲烷总烃、颗粒物等污染物，采用静电除油、洗涤塔、活性炭吸附等高效废气处理技术进行处理，确保排放达标。同时，定期由第三方机构进行污染物的监测。另外，各工厂均配备自建的污水处理设施，对生产过程中产生的废水进行处理后达标排放至市政污水系统，同时安装在线监测设备持续监控排放指标，并与当地环保局的监控网络相连，保障实时数据传输。公司还定期组织第三方机构进行自主监测。

2023 年末，资本市场上投资者对科森科技的 ESG 评分情况表现出高度紧张情绪，在公开平台询问董秘：“公司近年 ESG 评分较低，公司是否有提升 ESG 评分目标的计划?”科森科技董秘回复，公司始终以 ESG 为企业发展方针，从环境、社会、公司治理等各个维度出发，主动承担社会责任、共享企业发展价值。未来公司将不断践行绿色可持续发展理念，积极履行企业社会责任，继续强化公司治理。

中小型企业，还有微型企业，考虑到它们的规模、资源、资金可得性、增长速度，应该实施ESG吗？一些官方的交易所和监管机构认为，当前采取“鼓励为主的原则”。比如伦敦证券交易所指出，“公司无须庞大就可以报告ESG行为”（London Stock Exchange Group，2018）。但是从实际情况来看，和本章第一节提到的《哈佛商业评论》与贝恩公司的联合调研结果不同，中小型企业把ESG行动作为重要公司战略的比例并不高，低了四成左右（Morais et al.，2020）。在250人左右规模的企业中，有ESG战略意识的企业占比只有62%（见图3-2）。

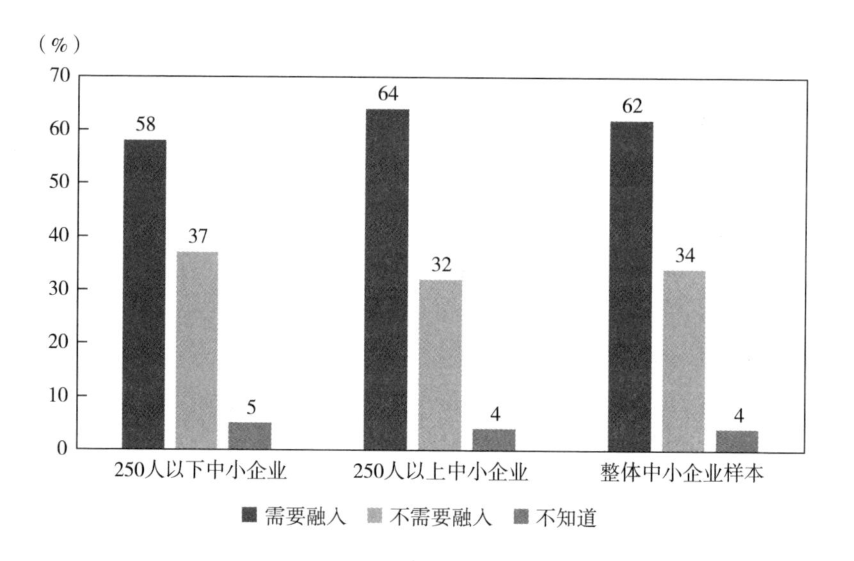

图3-2　中小企业认为ESG需要融入企业战略的占比情况

像科森科技这样的中小型企业，面临的供应链审核压力、投资者压力，是它们最大的现实“瓶颈”。虽然有很多鼓励、推动中小型企业ESG战略与业务实践的观点，如钱依森等（2023）提到，可以由大企业牵手联合、行业组织细化标准要求。但理解中小型企业面临的真正问题，帮助它们评估如何将 ESG 因素融入其企业文化和战略、商业模式中，关键还是要考虑如何使 ESG 成为公司运营本质和行动的一部分，而不是作为外部压力和事后附加。在欧洲公开市场上，有效地与投资者、供应商沟通 ESG 政策的战略和执行，将它讲述为公司运营的一部分，正在成为过去几年中小企业优化公司环境责任、公司治理披露的延伸动作。中国中小企业仍然在紧跟步伐，在实践中不断优化。

参考文献

郭婧、马光荣：《宏观经济稳定与国有经济投资：作用机理与实证检验》，《管理世界》2019 年第 9 期。

李寿喜：《产权、代理成本和代理效率》，《经济研究》2007 年第 1 期。

李涛：《国有股权，经营风险，预算软约束与公司业绩：中国上市公司的实证发现》，《经济研究》2005 年第 7 期。

钱依森、桑晶、卢琬莹等：《ESG 研究进展及其在“双碳”目标下的新机遇》，《中国环境管理》2023 年第 1 期。

沈红波、华凌昊、许基集：《国有企业实施员工持股计划的经营绩效：激励相容还是激励不足》，《管理世界》2018 年第 34 期。

叶静怡、林佳、张鹏飞等：《中国国有企业的独特作用：基于知识溢出的视角》，《经济研究》2019 年第 6 期。

张兆国、何威风、闫炳乾：《资本结构与代理成本——来自中国国有控股上市公司和民营上市公司的经验证据》，《南开管理评论》2008 年第 1 期。

钟宁桦、解咪、钱一蕾等：《全球经济危机后中国的信贷配置与稳就业成效》，《经济研究》2021 年第 9 期。

周仁俊、杨战兵、李礼：《管理层激励与企业经营业绩的相关性——国有与非国有控股上市公司的比较》，《会计研究》2010 年第 12 期。

周泽将、雷玲：《纪委参与改善了国有企业监事会的治理效率吗？——基于代理成本视角的考察》，《财经研究》2020 年第 46 期。

Anderson, E. G., Parker, G. G., Tan, B., "Strategic Investments for Platform Launch and Ecosystem Growth: A Dynamic Analysis", *Journal of Management Information Systems*, Vol. 40, No. 3, 2023.

Evans, P. C., Gawer, A., *The Rise of the Platform Enterprise: A Global Survey*, The Center for Global Enterprise, 2016.

Kapoor, K., Bigdeli, A. Z., Dwivedi, Y. K., Schroeder, A., Beltagui, A., Baines, T., "A Socio-technical View of Platform Ecosystems: Systematic Review and Research Agenda", *Journal of Business Research*, No. 128, 2021.

London Stock Exchange Group, "Your Guide to ESG Reporting: Guidance for Issuers on the Integration of ESG into Investor Reporting and Communication", 2018, https://bit.ly/3eyrs3W.

Morais, F., Simnett, J., Kakabadse, A., Kakabadse, N., Myers, A., "ESG in Small and Mid-sized Quoted Companies: Perceptions, Myths and Realities", 2020.

Parker, G., Van Alstyne, M., Jiang, X., "Platform Ecosystems", *Mis Quarterly*, Vol. 41, No. 1, 2017.

Shleifer, A., Vishny, R. W., "Politicians and Firms", *The Quarterly Journal of Economics*, Vol. 109, No. 4, 1994.

World Economic Forum (WEF), *Global Competitiveness Report* 2019, Davos, October 9, 2019.

第四章　中国企业的ESG信息披露实践和趋势

第一节　中国企业ESG信息披露概况

中国企业自主披露的ESG信息，是中国整个ESG生态系统的基础设施。外部投资人及各个利益相关方，基于公司披露的ESG信息进行后续的一系列行动。评级机构基于这些信息给予ESG评级，投资人和资本市场据此修正自己的投资头寸。好的ESG信息数据，可以为投资者做投资决策时，提供有价值的参考信息，还可以从资产端的变化反过来与公司对话，改进上市公司内部对关键ESG议题的管理制度、董事会监督制度，还可以帮助公司捕捉可持续发展机遇下的新投资机会。

近年来，中国上市公司的ESG信息披露概况如图4-1所示。截至2023年8月，共有1771家公司披露了2022年ESG报告，披露率为33.8%。和发达国家相比，A股市场ESG报告的披露率仍然较低。2022年，美国上市公司中有超过80%的公司发布了ESG报告，标普500成分股中将近90%的上市公司发布了ESG报告。但A股的ESG报告披露率已经较前几年出现了大幅增长。2018年末，仅879家上市公司披露了ESG独立报告，披露率仅25.5%。

从具体报告形式来看，A股上市公司发布的ESG相关报告具体形式各异。其中，共有962家上市公司发布社会责任（CSR）报告，占54.3%，比例最高；585家上市公司发布环境、社会和公司治理

（ESG）报告；有 84 家发布可持续发展（SD）报告；剩下的 140 家上市公司报告以社会责任、可持续发展等关键词命名。

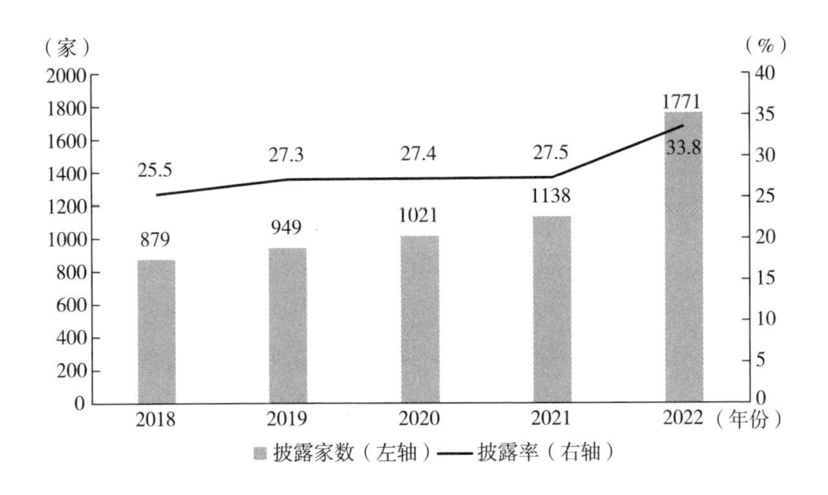

图 4-1　上市公司的 ESG 报告披露情况

在中国 A 股上市公司之间横向比较，高市值股票的 ESG 报告披露率是最高的。沪深 300 指数成分股中的 ESG 报告披露率高达 90%，中证 1000 指数成分股的披露率较低，仅 30%左右。这和研究文献中的研究结论较为一致。一方面，高市值公司受到公众更多的关注，承受更大的公众压力（Patten，1991；Ebaid，2022）。根据 KPMG 2022 年的调研报告，全球顶级 250 家公司（G250）的披露率高达 96%。有学者发现大公司会面临政治问题风险，并且公司越大，感知到的压力越大（Andres，1985）。另一方面，高市值公司受益于规模经济效应，比中小公司的披露成本相对更低（Giannarakis，2014）。

从披露主题内容来看，A 股上市公司对于环境治理的信息披露共识较大，有 92.1%的公司披露与环境治理有关的数据和公司行为。但是，由于中国对于具体披露内容的标准化程度较低，目前尚无监管框架和行业共识，所以在披露的具体细节信息上，公司之间存在较大差异。例如，在各国政府、监管层、相关利益主体非常重视的气候问题上，中国披露监管部门和企业主体对气候相关信息、气候变化管理目标、气候风险与机遇问题的识别，均存在较大争议。以沪深 300 指数成分股为例，280 家发布 2022 年度 ESG 报告的主体中，仅 91 家公司披露了碳减排、碳中和等与气候变化管理目标相关的信息，仅 113 家公司开展了气候风险与机遇信息的识别。在具体的碳排放数据方面，主动披露碳数据的 A 股上市公司仅有 500 多家，数据可供投资机构使用的只有 282 家。

中国企业当前 ESG 信息披露行为以上市公司为主，非上市公司也在积极地推动 ESG 行动，披露相关报告。据《金蜜蜂中国企业社会责任报告研究（2022）》，2022 年超过九成的 ESG 报告由上市公司发布，有 145 份 ESG 报告发布主体为非上市企业，占比约为 6%。

第二节　ESG 披露标准

一　ESG 披露标准：国际主流标准

ESG 信息披露标准是企业组织并发布 ESG 报告、践行 ESG 行动的依据和指南，同时也是投资机构和评级机构对企业进行 ESG 行为评估的依据。全球交易所在 2018 年之前以"鼓励上市公司披露"为主，现在越来越多的交易所开始强制 ESG 信息披露，并指定披露标准。截至 2023 年 12 月底，据联合国可持续证券交易所（SSE）数据库的统计[①]，全球共计 72 个证券交易所发布了自己的 ESG 信息披露指引。

目前各国企业实践中通用的信息披露标准包括六大类：①全球报告倡议组织发布的 GRI 标准；②可持续发展会计准则委员会发布的 SASB 可持续会计准则；③国际综合报告委员会发布的 IIRC 国际综合报告框架；④碳信息披露项目的 CDP 环境信息披露标准；⑤金融稳定委员会发布的 TCFD 气候相关财务信息披露工作组建议；⑥气候披露标准委员会发布的 CDSB 气候变化和社会信息披露框架。另外，2023 年 6 月 26 日，国际可持续发展准则理事会（ISSB）公布的首套

① 资料来源：https：//sseinitiative. org/esg-guidance-database/。

全球ESG报告标准，分别为IFRS S1标准（可持续发展相关财务信息披露的一般要求）和IFRS S2（气候相关信息披露标准），直接影响企业在财报中披露的ESG内容。在这之前，尚无统一的国际标准对全球企业披露的ESG信息做出细节要求。不过，最早一批适用ISSB信息披露要求的报告将于2025年发布，全球企业目前仍以六大国际标准为主要参考。

截至2023年末，全球各大证券交易所认可的主流标准及采纳占比情况如下：GRI（96%）、SASB（79%）、IIRC（76%）、CDP（70%）、TCFD（63%）、CDSB（36%）。其中，欧洲地区交易所对ESG主流披露标准的采纳覆盖度最高，英国、法国、卢森堡、意大利等国实现了对六大主流标准全覆盖，上市企业可以根据需要进行选择。美国纳斯达克市场认可GRI、SASB、TCFD、IIRC、CDP标准，美国纽交所、中国港交所认可GRI、SASB、TCFD标准。从上市企业对不同披露标准的采纳情况来看，2022年全球52个国家和地区各自收入排名的前100家企业，也就是全球前5200家企业中的68%采用了GRI标准，全球收入最高的250家企业中的78%采用了GRI报告标准（KPMG，2022）。当然，其他标准也被企业广泛接受，如SASB（可持续会计准则）提供了针对不同行业的可持续发展关键指标，许多上市公司开始使用SASB标准来进行相关披露。这些标准在指标体系构建、考量公司行为的范畴、关注内容侧重点、实现的主要目标等方面有较大差异。现行的六大类国际披露标准的简介如下。

（一）全球报告倡议组织发布的GRI标准

GRI标准是全球最具共识、最被广泛采纳的披露标准。全球报告倡议组织（GRI）于1997年由联合国环境规划署、环境负责经济体联盟发起成立。该组织本身是非政府组织，成立最初的目的是促进企业规范环境责任。2000年，该组织发布了第一份标准——《可持续发展报告指南》，旨在通过具体的行动标准指引，展现报告机构的可持续发展能力。通过这套披露标准，外界可以完整地了解企业的经济、环境和社会影响信息。

截至2021年10月，最新版GRI标准包括三份适用于所有企业的通用标准（GRI 101、GRI 102 和 GRI 103），以及三个主题特定标准（GRI 200、GRI 300 和 GRI 400）。通用标准是企业披露可持续发展基本情况的指引。GRI 101 是用于界定报告内容和质量的指引。按照 GRI 101 指引，企业根据利益相关方的四大原则（包容性、可持续发展背景、实质性、完整性）界定报告内容，根据六大原则（准确性、平衡性、清晰性、可比性、可靠性、时效性）界定报告质量。按照 GRI 102 指引，企业需要披露涉及企业的组织概况、战略、道德和诚信、治理、利益相关方沟通、报告流程六大板块的信息，提供利益相关方理解企业整体可持续发展框架。按照 GRI 103 指引，企业需要说明主题议题的选择、影响、选择原因以及企业出台的相关管理方法。

GRI 的主题特定标准包含 GRI 200、GRI 300 和 GRI 400 标准，分别对应经济、环境和社会主题的信息披露标准。企业可以根据三个主题标准，选择相关可持续发展的绩效情况，遵循具体的披露内容要求进行披露。GRI 200 设置了 9 项指标，从经济绩效指标、直接经济价值创造指标、营业利润指标、创新和产品指标等维度来反映企业对于整个经济体系的可持续发展所做出的贡献。GRI 300 设置了 30 项指标，从材料指标、能源指标、水资源指标、远程社区影响指标等方面来反映企业对于环境的影响。GRI 400 设置了 40 项指标，从工作场所安全指标、培训和教育指标、多元化与平等指标、人权评估指标等方面来反映企业对于社会的影响。

（二）可持续发展会计准则委员会发布的 SASB 准则

国际可持续发展准则理事会 ISSB 是 IFRS（国际财务报告准则）基金会下属的一个新设立的机构，ISSB 的目标是制定全球统一和可比较的可持续发展报告标准，以促进企业对于可持续发展的信息披露。这些标准将帮助企业报告与环境、社会和治理（ESG）相关的信息，并提供更全面的可持续发展数据，以满足投资者和利益相关方的需求。ISSB 旨在推动可持续发展报告标准的全球统一，减少标准碎片化，提高报告的可比较性和透明度，以支持全球投资者和企业进行可持续发展决策。

2023 年 6 月，ISSB 发布了 IFRS S1 标准（可持续发展相关财务信息披露的一般要求）和 IFRS S2（气候相关信息披露标准）两份准则。IFRS S1 要求企业考虑可持续发展会计准则（SASB 准则）来识别可持续相关风险和机遇，以帮助其向现有的和潜在的投资者、贷款人、其他债权人传达在短期、中期和长期面临的可持续相关风险和机遇。IFRS S2 规定了气候相关披露事宜，旨在以 IFRS S1 为基座共同为企业所使用，包括源自 SASB 准则中气候相关主题和指标的随附指南，以通过增强国际适用性帮助企业更好地进行气候相关信息披露。

目前，SASB 准则已被修订以符合 IFRS S2 气候相关的行业指南。可持续发展会计准则委员会于 2018 年 11 月，发布了全球首套可持续发展会计准则，帮助企业落地执行能够创造 ESG 价值的行动，推进外部利益相关方认知、识别、衡量企业的可持续发展因素。SASB 准则作为 ISSB 准则组成部分，将持续支持企业按照 ISSB 准则进行可持续相关财务信息披露。

SASB 准则覆盖了环境、社会资本、人力资本、商业模式与创新、领导与治理五大可持续主题维度。SASB 准则进一步将五大可持续主题维度下面的 26 个子议题，与不同行业应该关注的议题结合起来，帮助企业确定具体的披露主题。SASB 准则建立在特定行业分类基础之上。当前大多数行业分类标准基于公司主要收入来源来划分，SASB 准则认为相比财务数据，公司可持续发展风险和机遇更为重要。在传统行业分类基础上，SASB 准则推出了可持续行业分类系统，企业根据自己的业务类型、资源强度、可持续影响和可持续创新潜力等因素，决定自己归属于十一大领域具体 77 个子行业之一。每个子行业都有自己独特的一套可持续性会计信息披露标准，针对行业特性中的不同可持续风险和机遇披露 ESG 信息要点。

（三）国际综合报告委员会发布的 IIRC 国际综合报告框架

2010 年由特许公认会计师公会（ACCA）和 GRI 为代表的相关利益主体，主要是监管机构、投资者、会计专业人士等发起成立了非营利第三方组织国际综合报告理事会（International Integrated Reporting Council，IIRC），旨在促进可持续发展和企业报告的整合。该组织致力于发展和推广整合报告框架，使企业能够在报告中综合考虑财务、环境、社会和治理（ESG）相关因素，以提供更全面和准确的信息，反映企业的价值创造和可持续发展的绩效。

2013 年 12 月，IIRC 发布第一版《综合报告框架》（*International Integrated Reporting Framework*），奠定了与 ESG 信息披露相关的框架基础。该框架于 2021 年 1 月进行了修订，自 2022 年 1 月 1 日开始实施。根据 IIRC 发布的《综合报告框架》，它是机构在外部环境影响下对其战略、治理、绩效和前景如何创造短期、中期和长期价值进行沟通的简练文件。IIRC 的披露框架旨在提高资金方可获取信息的质量，实现更具效率和效果的资本配置。IIRC 制定综合报告框架的目的包括：展示长期和广泛的决策后果，满足长期投资者信息需求；提供合适的框架，能够系统地将社会和环境因素放入信息披露和企业决策考虑；衡量绩效的标准不仅限于短期财务指标等（董江春，2022）。可以看到，IIRC 整体框架都更偏向于投资者使用，并非广大利益相关方。

IIRC 发布的《综合报告框架》以原则为导向，并未规定报告披露方必须披露的关键绩效指标、计量方法或具体事项，给予了披露方较高的灵活性。企业可以通过编写综合报告，加强对外部环境和使命愿景是如何影响战略规划、商业模式、经营活动、业绩表现的理解。《综合报告框架》涵盖的八大内容元素包括：机构概述和外部环境；机构描述其治理结构如何在短中期创造价值；机构需要描述其商业模式的运作；风险和机遇；战略和资源配置；业绩表现；前景展望；披露方的编制和列报基础。

（四）碳排放信息披露项目的 CDP 环境信息披露标准

碳排放信息披露项目（Carbon Disclosure Project，CDP）通过每年向全球代表性企业以发放问卷的形式，收集企业有关环境影响、风险、机遇、投资和战略这几个维度的数据，是专注于气候、水和森林等环境相关的信息披露体系。通过要求企业填写气候变化调查问卷、水资源调查问卷、森林资源调查问卷，CDP 推动企业公开它们的碳排放信息、气候变化影响行动，以此敦促企业减少温室气体排放，保护水和森林资源。

CDP 披露框架并不完全适合于所有行业，更适宜于在气候、水和森林资源方面有影响力的工业企业。其中，气候变化调查问卷关注企业应对气候变化及减排的目标、制度、行动等，是目前填报最多的问卷；水资源调查问卷关注企业运营中的水安全保障风险及水资源使用效率；森林资源调查问卷关注企业管理中的毁林风险及森林资源保护举措等。

（五）金融稳定委员会发布的 TCFD 气候相关财务信息披露标准

全球金融稳定委员会（FSB）于 2015 年 12 月成立了应对全球气候变化带来的潜在财务风险的气候相关财务信息披露小组（The Task Force on Climate-related Financial Disclosures，TCFD）。2017 年 6 月，TCFD 工作小组发布了第一份气候变化相关财务信息披露指南（TCFD 标准）。由于背靠国际监管机构，TCFD 标准是目前获得最广泛支持的气候信息披露标准。根据 TCFD 支持列表（https：//www.fsb-tcfd.org/supporters/），目前有超过 2000 个组织、超过 100 家来自世界各地的监管机构和政府实体公开宣布支持 TCFD 框架。它促进了 G20 成员国间的制度一致性，并且为气候相关财务信息的披露提供一个共同架构（高雨萌和石禹，2022）。

TCFD 工作小组制定了适用于所有产业的披露指引，并对金融业、碳排放较高、能源及水资源消耗较大的产业制定了补充指引。TCFD 披露指引包含四项主题（公司治理、发展战略、风险管理、指标和目标），11 项披露事项（见表 4-1）。特别地，由于气候变化的影响可能在中长期，潜在影响也很难估算，因此 TCFD 框架采取情景分析和环境压力测试的方法，将气候相关风险在不同条件下的潜在影响，分主题纳入考量。比如在发展战略主题下，TCFD 建议企业考虑到不同的与气候有关的情景，包括 2℃或更低情景，来描述组织战略的适应能力。

表 4-1　TCFD 披露指引的具体主题和披露事项

具体主题	含义	具体披露事项
公司治理	企业对气候相关风险和机遇的治理情况	描述董事会对气候相关风险与机会的监督情况。 描述管理团队在评估和管理气候相关风险与机会的角色

续表

具体主题	含义	具体披露事项
发展战略	气候相关风险和机遇对企业业务、战略和财务规划的实际和潜在影响	描述组织面临的短期、中期、长期气候相关风险与机会。 描述气候相关风险和机遇对组织机构的业务、策略和财务规划的影响。 描述组织在策略上的韧性，并考虑不同气候相关的情境（包括2℃或更严苛的情境）
风险管理	企业如何识别、评估和管理气候相关风险	披露组织气候相关风险识别、评估和管理流程，以及如何将这些流程纳入公司全面风险管理流程和战略中
指标和目标	用于评估和管理气候相关风险和机遇的相关指标和目标	披露组织依靠策略和风险管理流程进行评估气候相关风险与机会所使用的指标。 披露范围1、范围2、范围3温室气体排放和相关风险。 描述组织在管理气候相关风险与机会所使用的目标以及落实该项目的表现

（六）气候披露标准委员会发布的CDSB气候变化和社会信息披露框架

2007年世界经济论坛年会上，包括CDP碳排放信息披露项目、国际排放交易协会（IETA）、世界商业和可持续发展委员会（WCBSD）等在内的组织发起成立了气候披露标准委员会联盟（Carbon Disclosure Standards Board，CDSB）。该国际联盟的使命是通过制定企业气候变化报告的全球框架，促进和推动主流报告中与气候变化相关的信息披露。该标准协助企业将其可持续发展相关信息与组织战略、财务信息等内容进行关联，企业可以使用CDSB框架将气候变化和自然资本相关信息，以清晰、简练、一致的方式在年度报告、10K报告等主流报告中进行披露。CDSB框架鼓励主流报告中环境和社会信息报告的标准化，这使企业可以以最小化报告负担和简化报告流程的方式，为企业现有的主流报告增加价值。

CDSB披露框架要求企业披露时遵循七大指导原则，包括披露的环境信息应遵循相关性和重要性原则、如实披露、与其他信息直接关联、一致性和可比性、清晰且易于理解、可供核实和前瞻性原则。在具体的应用指南中，针对每一个披露模块，CDSB提供了相关披露清单和要求。比如在治理模块，要求描述环境政策、战略和信息的治理结构。在环境政策、战略和目标模块，描述指标、计划、时间表等评估表现的内容。2010 年 10 月，为协助企业在主流财务报表中披露气候变化信息，CDSB 以国际财务报告准则（IFRS）为基础，开发了《气候会计指南》（*Accounting for Climate*）。该指南对于适用于大多数行业的会计科目，对于是否以及如何纳入气候变化信息，给予了具体的披露指引。

二 国内企业披露要求和国内主流标准

中国企业的 ESG 信息披露行为，主要受到三类政策的要求和指引。第一，受中国环境监管部门政策要求约束。2015 年，新《环境保护法》明确规定，重点排污单位有在环境信息公开方面的责任。具体地，重点排污单位应当如实向社会公开主要污染物的名称、排放方式、排放浓度和总量等信息，并接受社会监督。

第二，受中国金融监管部门的披露政策约束。2016 年，中国人民银行等七部委发布《构建绿色金融体系的指导意见》，提出建立和完善上市公司强制性环境信息披露制度，要求所有上市公司必须自 2020 年起公开环境信息。2017 年，证监会发布的《公开发行证券的公司信息披露内容与格式准则第 2 号——年度报告的内容与格式（2017 年修订）》鼓励公司自愿披露有利于保护生态、防治污染、履行环境责任的相关信息；规定公司在报告期内以临时报告的形式披露环境信息内容的，应当说明后续进展或变化情况；重点排污单位之外的公司可以参照上述要求披露其环境信息，若不披露，应当充分说明原因。

第三，受中国交易所上市公司环境与社会责任信息披露指引的约束。如 2022 年 1 月，深交所发布的《深圳证券交易所上市公司自律监管指引第 1 号——主板上市公司规范运作》中，鼓励有条件的上市公司，在年度报告披露的同时披露社会责任报告。其中，“深证 100”样本公司应当在年度报告披露的同时披露公司履行社会责任的报告。上交所鼓励有条件的上市公司，在年度报告披露的同时披露社会责任报告等非财务报告，强制在交易所上市的“上证公司治理板块”样本公司、境内外同时上市的公司及金融类公司，应当在年度报告披露的同时披露公司履行社会责任的报告。2022 年 1 月，上交所通过内部系统向科创板上市公司发布的《关于做好科创板上市公司 2021 年年度报告披露工作的通知》中提出，科创板公司应当披露 ESG 信息，科创 50 指数成分公司应当在本次年报披露的同时披露社会责任报告或 ESG 报告。

虽然在本章第一节提到，中国企业的 ESG 信息披露比率呈现逐年大幅提升的趋势，但由于目前监管机构、交易所尚未发布强制性的 ESG 信息披露要求和标准，中国的 ESG 信息披露框架仍处于待完善阶段。由于缺乏明确、完整的 ESG 报告披露指南，中国企业的 ESG 披露行为标准化程度也较低。

以交易所为例，深交所最新的 ESG 披露规则文件为 2006 年 9 月发布的《深圳证券交易所上市公司社会责任指引》，上交所最新的 ESG 披露规则文件为 2008 年 5 月发布的《上海证券交易所上市公司环境信息披露指引》。在这两个官方指引文件中，并没有明确引用任何国际 ESG 披露标准框架，对 ESG 信息披露以指导性文字描述为主。深交所文件提道，"公司应严格按照有关法律、法规、规章和本所业务规则的规定履行信息披露义务。对可能影响股东和其他投资者投资决策的信息应积极进行自愿性披露"。上交所文件提道，"上市公司可以根据自身需要，在公司年度社会责任报告中披露或单独披露如下环境信息：公司环境保护方针、年度环境保护目标及成效；公司年度资源消耗总量……企业自愿公开的其他环境信息"。

中国目前通用的披露标准包括以下内容。

（一）社会责任系列国家标准

2015 年，中国国家标准化管理委员会发布了社会责任系列国家标准体系，由《社会责任指南》（GB/T 36000–2015）、《社会责任报告编写指南》（GB/T 36001–2015）、《社会责任绩效分类指引》（GB/T 36002–2015）三个标准组成。其中，《社会责任指南》关注社会责任定义、包含的内容和如何履行；《社会责任报告编写指南》制定了社会责任报告的通用编制方法；《社会责任绩效分类指引》为组织评价社会责任绩效提供了指标分类框架。

社会责任系列国家标准认可采用各种发布形式，如纸质文件、电子文件或交互式网页、独立报告、组织年度报告、非财务报告或其他报告的组成部分共同发布的企业社会责任报告形式。报告内容包括：①基本背景信息。如组织概况、组织核心价值观与发展理念、组织最高管理者的社会责任观与承诺、社会责任战略、组织主要利益相关方等。②社会责任绩效信息。社会责任绩效信息既包括可测量的结果，也包括难以测量的绩效方面，如社会责任意识和态度、将社会责任融入组织、对社会责任原则的遵循情况等。组织可以根据《社会责任指南》（GB/T 36000-2015）第五章所述的社会责任核心主题和议题来确定社会责任绩效信息。

（二）中国社会科学院（CASS）的中国企业社会责任报告编写指南

中国社会科学院于2009年发布了《中国企业社会责任报告编写指南（CASS-CSR1.0）》，该指南帮助企业向利益相关方披露企业的社会和环境表现，旨在促进企业在经济、社会和环境方面的可持续发展，强调企业应主动履行社会责任。

为了统一企业社会责任报告的编写标准，确保报告的一致性和可比性，使其更容易与其他企业进行比较和评估，CASS指南鼓励企业向利益相关方提供准确、全面和可信的信息，引导企业关注重点领域，如劳动关系、环境保护、供应链管理、社区投资等，帮助企业确定和执行关键的社会责任目标和措施。此后CASS指南四次升级至5.0版本。其中，《中国企业社会责任报告指南（CASS-CSR4.0）》是应用最久、使用最广泛的企业社会责任报告指南，它融合了国际通用的GRI标准、联合国可持续发展目标、港交所指引等境内外主流标准，构建了一个基础框架下，多个分行业指南、分议题指南的综合框架，形成了共计164个指标的逐议题编制框架。

《中国企业社会责任报告指南（CASS-ESG5.0）》在4.0版本基础上，在理论框架、披露标准、操作指导、编写流程规范上进行了更新，于2022年7月发布并适用。在内容报告体系中，报告前言依次披露报告规范、高管致辞、责任聚焦和公司简介。治理责任是公司合理分配股东、董事会、管理层权力，从而构建科学的治理体系，分为公司治理、董事会ESG治理、ESG管理三个议题。环境风险管理描述公司在满足法律法规要求的基础上，降低对环境的负面影响，主动投身生态文明建设，主要包含环境管理、资源利用、排放、守护生态安全、应对气候变化 5 个议题。社会风险管理指公司降低生产经营对社会的负面影响，维持公司赖以生存的社会生态系统稳定发展，包括雇佣、发展与培训、职业健康和安全生产、客户责任、负责任供应链管理 5 个议题。价值创造包括国家价值、产业价值、民生价值和环境价值 4 个议题。报告后记包含未来计划、关键绩效表、报告评价、参考索引、意见反馈 5 个部分。

（三）港交所、上交所、深交所的交易所 ESG 报告指引文件

港交所 2012 年推出《ESG 指引》，为上市公司提供自愿披露建议。2019 年，港交所进一步修订《ESG 指引》，将其由自愿披露变为涵盖强制披露规定、不遵守就解释规定两个层次的披露责任。强制披露规定在指引标准的 B 部分，规定发行人必须提供环境、社会及治理报告所涵盖期间的相关资料。不遵守就解释规定在指引标准的 C 部分，相关信息包括环境方面的排放物种类、资源适用政策及适用情况、社会方面的劳工准则等。如果发行人没有就该等条文中的信息作披露，需要在 ESG 报告中，提供经过审慎考虑后不披露的理由。除指引所要求的“不遵守就解释”事宜外，港交所鼓励发行人识别、披露其他反映发行人对环境及社会有重大影响或对持股投资者的评估及决策有重大影响的环境、社会及治理事宜和关键绩效指标。港交所鼓励发行人在评估相关事宜时，应持续地安排持股投资者参与其中，了解他们的意见，并更妥善地符合他们的期望。

2023 年 4 月，港交所刊发咨询文件，就建议优化环境、社会及治理（ESG）框架下的气候信息披露征询市场意见。港交所建议规定所有发行人在其 ESG 报告中披露气候相关信息，以及推出符合国际可持续发展准则理事会（ISSB）气候准则的新气候相关信息披露要求。该咨询文件详细列出了具体的气候披露要求，预计将于 2024 年生效。

深交所 2006 年发布的《深圳证券交易所上市公司社会责任指引》是中国上市公司披露 ESG 信息的重要参考，从社会责任、股东权益保

护、环境保护与可持续发展等方面对上市公司做出了具体要求。深交所在强制披露范畴、披露内容、披露细节方面，陆续出台了《深圳证券交易所上市公司环境、社会责任和公司治理信息披露指引（征求意见稿）》（以下简称《指引》）、《深圳证券交易所上市公司自律监管指引第 1 号——主板上市公司规范运作》《深圳证券交易所上市公司自律监管指引第 2 号——创业板上市公司规范运作》等更细致的规定。

深交所于 2018 年 9 月发布的《指引》分别从环境、社会责任、公司治理三个方面对上市公司信息披露提出明确要求。根据中国证监会、环境保护等有关部门及深交所有关规定须披露环境信息的上市公司，披露包括基本情况、污染物、温室气体、资源使用、生物多样性和环境事故等在内的信息。深交所鼓励其他上市公司披露保护生态、防治污染、履行环境保护责任的相关信息。上市公司应当根据所处地区、行业及自身特点，制定符合公司实际情况的社会责任规划和工作机制，披露包括但不限于员工权益保护、生产安全、社会发展资助等社会责任信息。应当根据公司党建、政策、措施及成效、公司治理基本状况、控股股东和实际控制人、股东大会情况等披露公司治理信息。《指引》建立了“不披露就解释”制度，要求上市公司因特殊原因无法按照本指引个别条款的规定履行信息披露义务的，可以根据实际情况调整披露内容或者不披露相关内容，但应当同时说明原因，并提示投资者注意相关投资风险。

上交所上市企业重点参考上交所在 2008 年发布的《上市公司环境信息披露指引》。指引要求，当发生环境保护相关的重大事件且可能对其股票及衍生品种交易价格产生较大影响的，上市公司应当自该事件发生之日起两日内及时披露事件情况及对公司经营以及利益相关者可能产生的影响。2022 年 1 月 7 日，上交所发布《上海证券交易所上市公司自律监管指引第 1 号——规范运作》，指出上市公司可以在年度社会责任报告中披露每股社会贡献值，即在公司为股东创造的基本每股收益的基础上，考虑公司年内为国家创造的税收、向员工支付的工资、向银行等债权人给付的借款利息、公司对外捐赠额等为其他利益相关者创造的价值额，并扣除公司因环境污染等造成的其他社会成本，计算形成的公司为社会创造的每股增值额。公司披露社会责任报告的，董事会应当单独进行审议，并在本所网站披露。上市公司可以根据自身特点拟定年度社会责任报告的具体内容，说明公司在促进社会、环境及生态、经济可持续发展等方面的工作。社会责任报告的内容至少应当包括：①关于职工保护、环境污染、商品质量、社区关系等方面的社会责任制度的建设和执行情况；②履行社会责任存在的问题和不足、与本指引存在的差距及其原因；③改进措施和具体时间安排。

值得注意的是，虽然中国证监会、上交所、深交所以及行业监管部门对 ESG 披露标准没有明确要求，但是对于企业 ESG 行为应该纳入的内容和责任议题均有一定的要求。截至 2023 年 12 月，上交所、深交所对于强制或自愿披露范畴的 ESG 内容和责任议题要求，如表 4-2 所示。

表 4-2　中国交易所对于上市公司披露行为和议题的要求（2023）

维度	义务人	自愿或强制	ESG 内容和责任议题
环境信息（E）	须披露环境信息的上市公司	强制	环境信息基本情况 污染物 温室气体 资源使用 生物多样性 环境事故
	“深证 100”样本公司、“上证公司治理板块”样本公司、境内外同时上市的公司及金融类公司	强制	公司环境保护方针、年度环境保护目标及成效 公司年度资源消耗总量 公司环保投资和环境技术开发情况 公司排放污染物种类、数量、浓度和去向 公司环保设施的建设和运行情况 公司在生产过程中产生的废物的处理、处置情况，废弃产品的回收、综合利用情况 与环保部门签订的改善环境行为的自愿协议 公司受到环保部门奖励的情况

续表

维度	义务人	自愿或强制	ESG 内容和责任议题
环境信息（E）	属于重点排污单位的上市公司	强制	公司污染物的名称、排放方式、排放浓度和总量、超标、超总量情况 公司环保设施的建设和运行情况 公司环境污染事故应急预案 公司为减少污染物排放所采取的措施及今后的工作安排 排污信息，包括但不限于主要污染物及特征污染物的名称、排放方式、排放口数量和分布情况、排放浓度和总量、超标排放情况、执行的污染物排放标准、核定的排放总量 防治污染设施的建设和运行情况 建设项目环境影响评价及其他环境保护行政许可情况 突发环境事件应急预案 环境自行监测方案 报告期内因环境问题受到行政处罚的情况
	所有上市公司	自愿	有利于保护生态、防治污染、履行环境责任的相关信息 在报告期内为减少其碳排放所采取的措施及效果
社会信息（S）	所有上市公司	强制	员工权益保护 产品安全与责任 隐私与信息安全 反商业贿赂 精准扶贫 社会公共职责 利益相关者的权益保护 每股社会贡献值
	所有上市公司	自愿	公司履行社会责任的宗旨和理念 股东和债权人权益保护 职工权益保护 供应商、客户和消费者权益保护 环境保护与可持续发展 公共关系 社会公益事业 报告期内巩固拓展脱贫攻坚成果、乡村振兴等工作具体情况

续表

维度	义务人	自愿或强制	ESG 内容和责任议题
公司治理信息（G）	所有上市公司	强制	党建 政策、措施及成效 公司治理的基本状况 控股股东、实际控制人在保证公司资产、人员、财务、机构、业务等方面独立性的具体措施 控股股东、实际控制人及其控制的其他单位从事与公司相同或者相近业务的情况 报告期内召开的年度股东大会、临时股东大会的有关情况 董事、监事和高级管理人员的情况 报告期内召开的董事会有关情况 董事会下设专门委员会的成员履职情况 母公司和主要子公司的员工情况 报告期内利润分配政策 股权激励计划、员工持股计划或其他员工激励措施在报告期的具体实施情况 报告期内的内部控制制度建设及实施情况 报告期内对子公司的管理控制情况等
	所有上市公司	自愿	报告期内对高级管理人员的考评机制，以及激励机制的建立、实施情况

三　中国上市公司的 ESG 披露标准选择

由于尚无统一的信息披露指引，在 ESG 信息披露的标准选择方面，中国上市公司主要依据上市交易所、主管部门、行业协会的披露要求和框架，并具备一定的自主选择权。在过往研究中，不同公司的 ESG 披露内容和形式差异巨大，是持续被诟病的问题之一。在选择披露标准时，上市公司会有选择性地“择优披露”，即选择对自己更有利的披露框架（刘江伟，2022）。虽然中国并没有明确、完整的 ESG 信息披露标准框架，在实践中，中国公司同时基于通用标准、各行业监管层规定的行业标准进行 ESG 行为披露。

在实践中，我们选取了不同行业的代表性上市公司对于披露标准的选择，作为当前中国上市公司 ESG 披露实践的参考。从表 4-3 可以看到，中国上市公司通常会综合国际标准、交易所标准和行业标准进行选择，会在报告中涉及多项标准。其中，GRI 国际标准较常被采纳。在披露标准选择上，行业之间的异质性也非常突出，如重污染的石油化工行业企业需要参考国际石油行业环境保护协会、美国石油学会、《2030 可持续发展议程》、《社会责任报告编写指南》、CASS-CSR 等多项标准。但部分家电行业企业仅参考了 GRI 标准编写。另外，部分上市公司还参考了 MSCI 等评级公司的指标体系。

表 4-3　　中国上市公司的 ESG 信息披露标准选择

股票	所在行业	ESG 编制标准选择
贵州茅台	食品饮料行业	报告根据《上海证券交易所上市公司自律监管指引第 1 号——规范运作》《公司履行社会责任的报告》编制指引，并参考《可持续发展报告指南》（GRI）及《中国企业社会责任报告指南（CASS-ESG5.0）》等编制。本报告参照 GRI 标准编制而成，使用的 GRI1 为《GRI1：基础 2021》
工商银行	银行行业	报告参照《可持续发展报告指南》（GRI）、联合国全球契约十项原则、《ISO26000：社会责任指南（2010）》等标准要求编写，同时满足中国银保监会发布的《关于加强银行业金融机构社会责任的意见》、中国银行业协会发布的《中国银行业金融机构企业社会责任指引》、《上海证券交易所上市公司自律监管指引》、港交所发布的《环境、社会及管治报告指引》等相关意见和指引要求
中国平安	非金融行业	报告根据港交所发布的《环境、社会及管治报告指引》编制，同时参照《深圳市金融机构环境信息披露指引》、《可持续发展报告指南》（GRI）及可持续发展会计准则委员会（SASB）发布的《可持续会计准则（银行、保险、资管及托管行业）》
宁德时代	电气设备行业	报告依据《深圳证券交易所上市公司社会责任指引》（2006）、《深圳证券交易所上市公司自律监管指引 第 2 号——创业板上市公司规范运作》（2022）及《深圳证券交易所上市公司业务办理指南第 2 号——定期报告披露相关事宜》附件一《上市公司社会责任报告披露要求》编制。本报告编制过程符合《可持续发展报告指南》（GRI），同时参考联合国可持续发展目标（SDGs）、明晟（MSCI）ESG 评级及标普道琼斯可持续发展指数（S&P DJSI）企业可持续发展评估（Corporate Sustainability Assessment，CSA）所关注的议题

续表

股票	所在行业	ESG编制标准选择
中国石油	采掘行业	报告按照国资委发布的《关于国有企业更好履行社会责任的指导意见》相关要求，并参照《可持续发展报告指南》（GRI）、国际石油行业环境保护协会（IPIECA）和美国石油学会（API）联合发布的《油气行业可持续发展报告指南（2020）》、《ISO26000：社会责任指南（2010）》、《2030可持续发展议程》、《社会责任报告编写指南》（GB/T 36001-2015）及《中国企业社会责任报告指南之石油化工业（CASS-CSR4.0）》编写
美的集团	家用电器行业	报告参考了全球报告倡议组织发布的《可持续发展报告指南》（GRI）
恒瑞医药	医药生物行业	报告遵循《上海证券交易所股票上市规则（2023年2月修订）》、《上海证券交易所上市公司环境、社会责任和公司治理信息披露指引》，广泛参考《可持续发展报告指南》（GRI）、《中国企业社会责任报告指南（CASS-ESG 5.0）》等相关规定编制而成
金龙鱼	农林牧渔行业	报告参照了《可持续发展报告指南》（GRI）和可持续发展会计准则委员会（SASB）标准编制，同时参考摩根士丹利资本国际公司ESG评级（MSCIESG评级）、标普全球企业可持续发展评估（CSA）、富时罗素ESG评级、深交所发布的《上市公司自律监管指574.85引第2号——创业板上市公司规范运作》等相关要求
中国中免	休闲服务行业	报告参照以下标准进行编制，如无特别说明，报告中涉及的货币均以人民币为计量单位。国资委发布的《关于中央企业履行社会责任的指导意见》、上交所发布的《上海证券交易所上市公司自律监管指引第1号——规范运作》、港交所发布的《环境、社会及管治报告指引》（《主板上市规则》附录二十七）、中国社会科学院发布的《中国企业社会责任报告指南（CASS-ESG5.0）》、全球报告倡议组织发布的《可持续发展报告指南》"核心"选项、联合国全球契约"十项原则"、联合国可持续发展目标（SDGs）
比亚迪	汽车行业	报告主要依据港交所发布的《环境、社会及管治报告指引》（《主板上市规则》附录二十七）文件及《深圳证券交易所上市公司自律监管指引第1号——主板上市公司规范运作》，并参考联合国可持续发展目标（SDGs）、《可持续发展报告指南》（GRI）、《中国企业社会责任报告指南（CASS-CSR4.0）》进行编写。各项指标在本报告中的披露情况可参见报告末尾的指标索引

续表

股票	所在行业	ESG 编制标准选择
中国石化	化工行业	报告主要依据联合国可持续发展目标（SDGs）、《可持续发展报告指南》（GRI）、国资委发布的《关于国有企业更好履行社会责任的指导意见》、中国社会科学院发布的《中国企业社会责任报告指南之石油化工业（CASS-CSR4.0）》、中国可持续发展工商理事会发布的《中国企业社会责任推荐标准和实施范例》
海康威视	电子行业	报告参照《可持续发展报告指南》（GRI），同时参考了《深圳证券交易所上市公司社会责任指引》
长江电力	公共事业行业	报告根据上交所发布的《公司履行社会责任的报告》编制指引，并参照《社会责任报告编写指南》（GB/T 36001-2015）、《中国企业社会责任报告指南（CASS-CRS4.0）》、《ISO26000：社会责任指南（2010）》、《可持续发展报告指南》（GRI）编写
顺丰控股	交通运输行业	报告参考联合国可持续发展目标、全球可持续发展标准委员会（GSSB）发布的《可持续发展报告指南》、深交所发布的《深圳证券交易所上市公司社会责任指引》、资本市场评级机构对企业 ESG 表现评级的关键指标
万科 A	房地产行业	报告编制所参考的相关标准、框架、原则及相关要求如下：联合国全球契约十项原则、《可持续发展报告指南》（GRI）、《社会责任报告编制指南》（GB/T 36001-2015）、SASB 房地产行业标准、港交所发布的《主板上市规则》附录二十七《环境、社会及管治报告指引》、气候相关财务信息披露指引、《深圳证券交易所上市公司自律监管指引第 1 号——主板上市公司规范运作》、《中国企业社会责任报告指南（CASS-ESG5.0）》、广东省房地产业协会发布的《广东省房地产企业社会责任指引》
三一重工	机械设备行业	报告依据上交所发布的《上海证券交易所股票上市规则（2023年 2 月修订）》《上海证券交易所上市公司自律监管指引第 1 号——规范运作》，同时参考全球可持续发展标准委员会（GSSB）发布的《可持续发展报告指南》、中国社会科学院发布的《中国企业社会责任报告编制指南》等标准编制
海螺水泥	建筑材料行业	报告主要根据港交所发布的《主板上市规则》附录二十七《环境、社会及管治报告指引》和上交所发布的《上海证券交易所上市公司自律监管指引第 1 号——规范运作（第八章社会责任）》编制。本报告的编制参考了 MSCI 指数 ESG 评级的要求和中国社会科学院发布的《中国企业社会责任报告指南》。本报告的编制还考虑到了 MSCI 指数的 ESG 评级和《中国企业社会责任报告指南 4.0 之石油化工行业（CASS-CSR4.0）》的要求

续表

股票	所在行业	ESG编制标准选择
紫金矿业	有色金属行业	报告参考上交所发布的《上市公司环境信息披露指引》和《公司履行社会责任的报告》编制指引、港交所发布的《主板上市规则》附录十四《企业管治守则》及《企业管治报告》和附录二十七《环境、社会及管治指引》;《可持续发展报告指南》(GRI)。同时参考可持续会计准则委员会(SASB)发布的《金属与采矿业标准》、气候相关财务信息披露工作组(TCFD)建议、中国社会科学院发布的《中国企业社会责任报告编写指南4.0之一般采矿业》、联合国可持续发展目标(UN SDGs)、联合国全球契约组织(UNGC)十项原则
中公教育	传媒行业	报告依据联合国全球契约十项原则、《ISO26000:社会责任指南(2010)》、《可持续发展报告指南》(GRI)、《社会责任报告编写指南》(GB/T 36001-2015)、《中国企业社会责任报告指南(CASS-ESG5.0)》,《深圳证券交易所上市公司自律监管指引第1号——主板上市公司规范运作》进行编制
中国建筑	建筑装饰行业	报告依据《ISO26000:社会责任指南(2010)》、《社会责任报告编写指南》(GB/T 36001-2015)、《可持续发展报告指南》(GRI)、《中国企业社会责任报告指南(CASS-ESG5.0)》,国资委发布的《关于中央企业履行社会责任的指导意见》《关于国有企业更好履行社会责任的指导意见》,上交所发布的《上市公司定期报告业务指南》进行编制
金山办公	计算机行业	报告按照《上海证券交易所科创板股票上市规则(2020年12月修订)》进行编制,并参考联合国可持续发展目标(UN SDGs)及全球报告倡议组织标准《可持续发展报告指南》进行编制
航发动力	国防军工行业	报告依据《社会责任指南》(GB/T 36000-2015)、《社会责任报告编写指南》(GB/T 36001-2015)、《社会责任绩效分类指引》(GB/T 36002-2015)、《上海证券交易所上市公司自律监管指引第1号——规范运作》、《上海证券交易所〈公司履行社会责任的报告〉编制指引》等相关规定,并参考《ISO26000:社会责任指南(2010)》《GRI可持续发展报告统一标准》进行编制
中兴通讯	通信行业	报告根据港交所发布的《主板上市规则》附录二十七《环境、社会及管治报告指引》以及深交所发布的《深圳证券交易所上市公司自律监管指引第1号——主板上市公司规范运作》进行编制,同时参照全球报告倡议组织(GRI)标准2021年版本、联合国全球契约十项原则、《ISO26000:社会责任指南(2010)》等要求

续表

股票	所在行业	ESG 编制标准选择
宝钢股份	钢铁行业	报告主要参照《可持续发展报告指南 5.0》（GRI）和《中国企业社会责任报告指南（CASS-ESG5.0）》进行编写，参考《上海证券交易所上市公司环境信息披露指引》，同时参考与回应了联合国可持续发展目标（SDGs）、摩根士丹利资本国际公司 ESG 评级（MSCI ESG 评级）、可持续发展会计准则委员会（SASB）以及标普道琼斯可持续发展指数（DJSI）等评级指标
公牛集团	轻工制造行业	报告参考联合国发布的《可持续发展目标企业行动指南》、《可持续发展报告指南》（GRI）、《中国企业社会责任报告指南（CASS-ESG5.0）》、《社会责任报告编写指南》（GB/T 36001-2015）、《上海证券交易所上市公司自律监管指引第 1 号——规范运作》
苏宁易购	商业贸易行业	报告重点参考《社会责任报告编写指南》（GB/T 36001-2015）、《深圳证券交易所上市公司社会责任指引》、《可持续发展报告指南》（GRI）和《ISO26000：社会责任指南（2010）》以及《第三方电子商务交易平台社会责任实施指南》（GB/T 39626-2020）等国内外通行社会责任相关框架编制，同时注重立足行业背景，突出企业特色
稳健医疗	纺织服装行业	报告依据《可持续发展报告指南》（GRI）、《中国企业社会责任报告指南（CASS-CSR4.0）》、联合国全球契约十项原则、《ISO26000：社会责任指南（2010）》、《社会责任报告编写指南》（GB/T 36001-2015）、《深圳证券交易所上市公司自律监管指引第 2 号——创业板上市公司规范运作》、《深圳证券交易所上市公司环境、社会责任和公司治理信息披露指引（征求意见稿）》进行编制
阿里集团	互联网	报告参照港交所发布的《环境、社会及管治报告指引》进行编制，并且参考联合国 2030 年可持续发展目标（SDG）、《可持续发展报告指南》（GRI）、可持续发展会计准则委员会（SASB）准则、气候相关财务披露特别工作组（TCFD）框架建议

第三节　中国企业的 ESG 信息披露实践和趋势

一　中国企业披露 ESG 信息的实践

由于行业政策、市场环境、发展阶段、参考标准的差异，各上市公司的 ESG 报告披露信息的总体框架及披露内容，存在非常大的差异。我们选取了 22 个不同行业的代表性上市公司，展示不同行业企业披露的 ESG 信息详情和差异。

（一）食品饮料行业：贵州茅台①

贵州茅台是中国食品饮料行业的龙头上市公司，2022 年末总市值 2.17 万亿元，2022 年度公司实现营业总收入 1276 亿元，归属于母公司所有者的净利润 627 亿元。该公司连续 7 年蝉联全球权威品牌价值评估机构 Brand Finance 发布的“全球最具价值烈酒品牌 50 强”榜首，是中国最具价值的酒类品牌。

贵州茅台发布的第二份环境、社会及治理（ESG）报告，披露公司董事会为 ESG 事宜的最高负责机构，将 ESG 管理要求融入公司经营全过程。公司立足发展战略和实际运营情况，结合国内外可持续发展趋势、白酒行业发展特性，识别、梳理与企业经营活动最为相关以及各利益相关方关注的议题，将其作为公司 ESG 工作及社会责任沟通和披露的重点。同时，公司深入了解利益相关方的关切与诉求，将其纳入公司 ESG 管理范畴，并以实际行动予以响应。

- 环境方面：贵州茅台环保投入金额 3.8 亿元，营收综合能耗达到 0.01 吨标准煤/万元，电量消耗强度 6.68 千瓦时/万元营收，天然气消耗强度 8.18 立方米/万元营收，水资源消耗强度 0.70 吨/万元营收，固体废弃物综合利用率 100%。企业通过采购绿电来优化能源使用结构，全年采购绿电 4400 万千瓦时，相当于减排二氧化碳 32930.60 吨，二氧化硫 20.68 吨，氮氧化物 18.92 吨。生产运营践行绿色理念，全面加强资源与排放管理，加强赤水平台搭建，搭建能源计量及智能化系统平台，在线监控重点供能设备及厂区能耗数据，实现能源数据统计和分析的自动化、信息化，提高公司能源供应管理水平。其他环境行动还包括设备节能改造、绿色物流、鼓励并倡议员工低碳出行、绿色办公等。
- 社会方面：给予 31413 名员工安全生产培训，覆盖率 100%，在公益慈善上的总投入金额为 2.25 亿元，在乡村振兴上的总投入金

---

① 资料来源：笔者依据公司年报及 ESG 报告整理。余同。

额为 6396 万元。助推中国文化出海。2022 年贵州茅台通过文化交流、品鉴体验、主题展览等一系列海外文化推介活动，如“中国茅台·香飘 APEC 之泰国品鉴晚宴”“2022APEC 工商领导人峰会·CEO 闭门午餐会”等一系列文化、经贸、慈善活动，积极传播中华优秀传统文化、展示中国企业新形象，着力推动茅台文化与国际文化的深度融合。

• 治理方面：重视与政府、股东、消费者、员工、供应商等利益相关方沟通交流，深入倾听、分析利益相关方的关切与诉求，将其纳入公司 ESG 管理范畴，并以实际行动予以响应。构建风险管理机制，构建全面风险管理（三道防线）组织体系。以白酒产业链为控制目标，构建和完善白酒质量安全风险管理体系，实施食品安全风险分级管控，建立 53 个国家和地区酒类法规数据库，实现全产业链 49 类物资 1123 项指标可监测，有效提升产品质量与食品安全管理水平。充分发挥内部控制与合规管理的协同作用，开展内部审计项目 618 个，内部审计实现三年全覆盖。

（二）银行行业：工商银行

工商银行是中国银行行业的龙头上市公司。截至 2022 年末，工商银行总市值 38.12 万亿元，总资产 39.6 万亿元，继续保持中国银行行业第一。2022 年度公司净利润 3610 亿元，比上年增长 3.1%；平均总资产回报率 0.97%、加权平均净资产收益率 11.43%，保持较优水平；不良贷款率 1.38%，保持在稳健区间；资本充足率达到 19.26%。

工商银行的 ESG 报告涵盖全集团在经营发展过程中，将经济责任与社会责任相统一，在集团发展规划中就发展绿色金融、支持生态文明建设进行重点布局的行动。集团规划明确提出要建设境内“践行绿色发展的领先银行”，并将“加强绿色金融与 ESG 体系建设”作为具体举措推进实施，同时积极响应联合国可持续发展议程，主动适应“双循环”新发展格局，推动金融服务的适应性、竞争力、普惠性持续提升，积极发挥服务实体经济“主力军”作用。

• 环境方面：2022 年度公司投向节能环保、清洁生产、清洁能源、生态环境、基础设施绿色升级、绿色服务等绿色产业的绿色贷款余额 39784.58 亿元，承销各类 ESG 债券 108 只，募集资金 5781.70 亿元，主承规模 1457.13 亿元，在全国银行间债券市场成功发行 100 亿元碳中和绿色金融债券。公司印发《关于贯彻落实〈银行业保险业绿色金融指引〉有关事项的通知》《2022 年度行业投融资政策》《中国工商银行投融资绿色指南（试行）》《关于加强绿色金融改革创新试验区金融服务的意见》，并在第五届进博会上正式发布绿色金融品牌“工银绿色银行+”。北京分行为某垃圾焚烧发电项目提供贷款，化“邻避困境”为“邻利设施”。公司在绿色金融领域的行动还包括参与境内外监管机构 ESG 规则制定、担任中英金融机构可持续信息披露工作组中方牵头机构、担任“一带一路”绿色投资原则（GIP）第一工作组联席主席、参与中国金融学会绿色金融专业委员会重点工作。

• 社会方面：公司制造业贷款余额 3.03 万亿元，新兴产业公司贷款余额 1.75 万亿元，数字新基建领域贷款余额 4557 亿元。教育金融服务上，公司已助力“智慧校园”“智慧职教”400 余所。截至 2022 年末公司已在全球 49 个国家和地区建立了 416 家分支机构，并通过参股标准银行集团间接覆盖非洲 20 个国家，服务网络覆盖六大洲和全球主要国际金融中心，其中，在“一带一路”沿线 21 个国家拥有 125 家分支机构。2022 年度，公司累计开展志愿公益活动 1.3 万场，超过 15.5 万人次参与“工行驿站”活动，时长超过 18.5 万小时。员工参加各类培训的整体平均满意率为 98.06%，举办线上线下培训 4 万余期，培训 612.2 万人次，员工培训覆盖率为 98.92%。

• 治理方面：2022 年度，公司持续完善公司治理顶层设计，有效推进《公司章程（2022 年版）》修订，持续完善权责法定、权责透明、协调运转、有效制衡的公司治理机制。改革“三道防线”风险防控机制，派驻信贷风险官共 28 人，较上年末增加 15 人，覆盖面进一步提升。持续完善“工银融安 e 控”建设，以实现企业级“智能内控”为目标，推进视觉识别系统（VIS）、放射信息管理系统（RIS）、银行业反洗钱金融服务平台（工银 BRAINS）、数据流处理系统（STORMS）等系统的建设完善，该内控管理系统用户已达 11 万人，月活用户近 8

万人，累计使用量达 4634.84 万次。

（三）非银行类的金融行业：中国平安

截至 2022 年 12 月末，中国平安市值 2.22 万亿元，总资产约 111371.68 亿元。2022 年度中国平安营运利润 1729.10 亿元，归母净利润 837.74 亿元，基本每股收益 4.80 元，全年每股股息 2.42 元，拥有约 34.4 万名员工，集团总资产 111371.68 亿元。2022 年中国平安品牌价值继续保持领先，为福布斯排行榜全球上市公司 2000 强第 17 位，蝉联全球多元保险企业第一。

中国平安 ESG 报告以中国平安保险（集团）股份有限公司为主体，涵盖平安旗下各成员公司。中国平安认为，可持续发展是平安的发展战略，也是确保公司追求长期价值最大化的基础。中国平安 ESG 报告聚焦公司在 ESG 相关领域的实践提升，设定可持续发展相关核心议题的五年目标，切实完善可持续发展相关行动和管理。

• 环境方面：可持续业务保险保额 857.25 亿元，可持续保险保费规模 5455.48 亿元，绿色信贷规模 1164.20 亿元，普惠贷款 6363.71 亿元。职场运营温室气体排放量 326669.88 吨二氧化碳当量，较上年减少 24%。2022 年度，公司通过绿色建筑认定项目 19 个，供应商合作合同 100%纳入可持续发展条款。

• 社会方面：截至 2022 年 12 月末，平安累计投入逾 7.89 万亿元支持实体经济发展，覆盖能源、交通、水利等重大基建项目。2022 年，平安已落地移动体检义诊 8 场，健康公益服务覆盖 1150 人次；扶贫及产业振兴帮扶累计资金 771.53 亿元，平安协销农产商品超 900 款，乡村振兴借记卡发卡超 11 万张；平安累计支教时长 3592 小时，“青少年科技素养提升计划”情景大师直播课覆盖 3733.7 万人次，围绕儿童安全、儿童入学、儿童性健康教育、青春期教育、家校协同教育等主题开展了 6 场心理健康专家直播课。员工人均培训时长 40.8 小时，信息安全培训员工及第三方人员覆盖率 100%。

• 治理方面：在员工商业道德方面，清廉文化及反腐败教育 100%覆盖，廉政信访举报问题核实率 100%；在公司商业道德方面，反垄断与公平交易、反洗钱、反恐怖融资与制裁 100%合规；ISO/IEC

27001信息安全管理体系认证覆盖率93%。

（四）电气设备行业：宁德时代

宁德时代2022年末总市值1.24万亿元。2022年度，公司实现营业总收入3285.94亿元，同比增长152.07%，归属于上市公司股东的净利润为307.29亿元，同比增长92.89%。公司是全球领先的动力电池和储能电池企业。根据市场调研机构SNE Research统计，2022年公司全球动力电池使用量市场占有率为37.0%，较去年同期提升4.0个百分点，连续六年排名全球第一；2022年公司全球储能电池出货量市占率为43.4%，较去年同期提升5.1个百分点，连续两年排名全球第一。

宁德时代的ESG报告向利益相关方披露公司在经营中对于可持续发展议题所秉持的理念、建立的管理方法、推行的工作与取得的成果。公司构建健全的治理体系，严守商业道德，强化数据安全与隐私保护，以保障自身长期稳健发展，并将其作为积极履行环境与社会责任的根基。在产品服务方面，公司提供了行业创新的绿色解决方案，以电池产品为核心，提供满足客户各类应用需求的绿色解决方案及一流服务。在引领新能源行业创新发展的同时，公司致力于完善规范透明的环境管理体系，贯彻资源节约、绿色循环的理念并持续减少自身运营对环境的影响，打造环境友好的可持续发展企业。

- 环境方面：公司投入9.43亿元用于环保合规及宣传投资、环境技术开发及环保设施建设和运行；通过优化极限包装和复合包装、导入循环周转器具，实现全年木材使用量减少约12万吨，包装98%选用可循环材料/再生材料，在约20万个电池包周转箱和约18万个模组周转箱中使用可循环材料或再生材料包装；重点排污单位污染物（COD、NH3-N、NOx、SO_2）排放浓度均在相关标准限值的75%以下，一般工业固废总计回收循环再利用率达99.87%。2022年度，公司分布式光伏全年发电总量达58435.92兆瓦时，相当于避免47677.87吨二氧化碳当量排放。公司的绿色电力使用占比达26.60%，较2021年占比增加4.6个百分点。截至报告期末，四川时代和图林根时代已实现全绿电运营。

●社会方面：在助力社会公益方面，2022 年度，公司社会公益投入共计 1.84 亿元，共计吸引约 2000 名原建档立卡贫困人员在宁德稳定就业；开展了 799 场志愿服务活动，共有 12893 人参与志愿服务活动，宁德时代公益林累计种植 1306 棵樟子松；开展第四批“爱心助学”活动，公司与员工共资助 102 名学生，召开爱心助学“一对一”结对认领会，推动员工与学生结对，按照每名学生每年 2000—3000 元标准安排助学资金，持续到高中毕业。此外，公司持续参与“扶贫定制茶园”项目，认领 500 亩“扶贫定制茶园”，对宁德市寿宁县下党乡持续开展定点帮扶工作，依托当地特色茶产业，助力乡村振兴。报告期内，共计投入 672.26 万元用于“扶贫定制茶园”项目。

●治理方面：2022 年内，公司开展业绩说明会及接待投资者调研 7 场，接待投资机构超 2000 家次，接待投资者超 5000 人次，发布临时公告 142 份，回复互动易平台问题 522 个，公司连续 3 年在深交所信息披露考评中获 A 级，获得由中国上市公司协会颁发的“2022 年度上市公司董办最佳实践”奖；在反腐败培训方面，职员廉洁培训覆盖率 100%。

（五）采掘行业：中国石油

中国石油 2022 年末总市值 2.12 万亿元，2022 年度营业收入 32391.67 亿元，营业利润 2425.64 亿元，归属于母公司股东的净利润 1493.75 亿元。中国石油是国有重要骨干企业和全球主要的油气生产商和供应商之一，是集国内外油气勘探开发和新能源、炼化销售和新材料、支持和服务、资本和金融等业务于一体的综合性国际能源公司，在全球 32 个国家和地区开展油气投资业务。2022 年，在世界 50 家大石油公司综合排名中位居第三。

中国石油自 2006 年建立社会责任报告披露制度以来，连续第十七年发布相关报告，真实反映公司履行经济、环境和社会责任的情况。中国石油深化科技创新，持续提高油气资源开发和利用效率，大力发展天然气产业，积极拓展新能源新材料业务，不断增加清洁能源在能源供应中的比重，为构建多元、清洁能源供应体系和人类社会的繁荣发展做贡献。同时，公司始终秉持以人为本的理念，重视和维护员工的各项合法权益，为员工搭建良好的成长平台，推进员工本土化和多元化，实现企业和员工的共同成长。此外，公司非常关注民生和社会进步，与当地分享发展机遇和资源价值，积极参与社区建设，促进经济和社会和谐发展。

• 环境方面：2022 年中国石油新能源开发利用能力达到 800 万吨标准煤/年，新增地热供暖面积 1006 万平方米，累计地热供暖总面积达到 2500 万平方米，年替代标准煤 57.5 万吨，全年获取清洁电力并网指标 1020 万千瓦，当年建成风光装机规模超 120 万千瓦，累计建成装机规模超 140 万千瓦。开展 4 个氢提纯项目前期研究，累计供应 161 吨，新增高纯氢产能 1500 吨/年，高纯氢总产能达到 3000 吨/年，积极推进加氢站建设。2022 年新投运加氢站 23 座，共有加氢站 5 座。2022 年，公司持续完善绿色企业创建标准体系，实现油气生产、炼油化工、油品销售主营业务全覆盖，新认定绿色企业 17 家，绿色企业共 23 家。

• 社会方面：积极参与全球气候治理行动，广泛参与油气行业气候倡议组织（OGCI）、中国油气企业甲烷控排联盟的减排行动，与中国绿化基金会等组织机构共同发起低碳公益活动。在社会公益上，积极响应国家乡村振兴战略，围绕产业、人才、文化、生态、消费五大重点领域全面高质量助力乡村振兴，巩固拓展脱贫攻坚成果，全年实施乡村振兴和社会公益重点项目 1400 余个，受益人口 1100 余万人。

• 治理方面：在合规管理方面，公司修订《诚信合规手册》，形成员工诚信合规正面和负面清单，全员进行学习并签订合规承诺。在风险防控方面，公司对 120 余家生产经营单位实施 2 次全覆盖 QHSE 审核，督促整改隐患问题，清退不合格承包商，考核问责相关管理人员。在内部反腐方面，公司通过“铁人先锋”“石油清风”等平台开展反腐败法规政策解读和纪律教育，营造正风肃纪反腐良好氛围。

（六）家用电器行业：美的集团

美的集团 2022 年末总市值 6287.69 亿元，2022 年度营业收入 3439.17 亿元，归属于上市公司股东的净利润 295.53 亿元，总资产 4225.55 亿元。福布斯中国和中国电子商会发布的“2022 中国数字经济100强”中，美的集团凭借在数字经济领域中的综合实力位列第六。截至2023年初，美的集团已有五家工厂获得世界经济论坛“灯塔工厂”荣誉，分别覆盖空调、冰箱、洗衣机、微波炉和洗碗机等品类生产线，充分展现出美的集团在全球制造行业领先的智能制造和数字化水平。据英国品牌评估机构Brand Finance发布的“2022全球最有价值的100大科技品牌”榜单，美的集团位列第36位，领先国内同行业其他品牌。

美的集团发布的首份ESG（环境、社会、治理）报告重点披露美的集团在经济、社会和环境可持续发展方面的相关信息。美的集团追求业绩增长的同时，持续深化责任底线，在公司治理、董事会治理、保障股东权益、风险管理、反腐败等方面积极履责。同时，美的集团以“绿色战略”为核心，积极倡导绿色发展，通过科技创新推进全产业链的节能减排。在社会层面，美的集团关注员工成长与发展，关心社区建设，并希望通过科研创新为客户带来更优质的产品和服务。

- 环境方面：发布美的集团“绿色战略”，废弃物产生量较2020年减少4350532吨，总用水量较2020年减少3623980吨，可再生能源使用占10.1%，光伏发电项目装机总容量超过160兆瓦，公司研发的R290房间空调应用技术使在原料使用和制造环节的碳排放减少224.9万吨二氧化碳当量。此外，公司于2022年2月16日成功发行4.5亿美元5年期高级无抵押绿色债券，所得资金用于美的集团绿色融资框架下的合格绿色资产。

- 社会方面：公司获得质量安全相关认证11710张，EHS整体投入费用3.67亿元，累计参与制定或修订国际标准41项，累计参与制定或修订国家标准514项，累计参与制定或修订行业标准277项，用户满意度98.1%，美课在线学习763359人次，帮扶资金累计投入近3000万元，开展帮扶项目200余个。2021年5月，美的集团共计投入40万元向顺德区各镇街防疫团队捐赠了500台凉风扇、80台移动空调，在炎热的夏天为防疫团队送去清凉。2021年12月，西安疫情形势反复，美的集团又捐赠了10万元为西安交通大学的防疫人员购置1200张床，帮助一线防疫人员塑造更好的休息环境。

• 治理方面：公司已形成成熟的职业经理人管理体制，在保护股东权益方面累计派现金额已达 695 亿元，开展 ESG 关键议题分析、识别关键议题 26 个，在供应商社会责任方面划定六条红线，要求供应商签署“不使用冲突矿物承诺”。此外，2021 年度公司召开股东大会 4 次、董事会 12 次、监事会 7 次、审计委员会 3 次、薪酬与考核委员会 5 次、提名委员会 3 次，确保各重大决策合法、合规、真实和有效。

（七）医药生物行业：恒瑞医药

恒瑞医药 2022 年末总市值 2497.25 亿元。2022 年度，公司实现营业收入 212.75 亿元，同比下降 17.87%，创新药销售收入 81.16 亿元（含税 86.13 亿元）；归属于母公司所有者的净利润 39.06 亿元，同比下降 13.77%；归属于公司股东的扣除非经常性损益的净利润 34.10 亿元，同比下降 18.83%。在全球医药智库信息平台 Informa Pharma Intelligence 发布的《2022 年医药研发趋势年度分析》中，恒瑞医药排名第 16 位，创下中国药企在该榜单中排名新高；在《美国制药经理人》杂志公布的 2022 年全球制药企业 TOP50 榜单中，恒瑞医药连续 4 年上榜，排名逐年攀升，创下第 32 位的排名新高。

恒瑞医药披露的 ESG 报告中，公司持续完善环境治理能力，不断完善环境管理体系，优化资源利用，围绕气候变化、绿色运营积极开展绿色行动实践。公司治理方面，恒瑞医药持续提升公司治理水平，与利益相关方建立紧密的战略合作，逐步降低企业治理风险。此外，公司在吸引培养人才、保持组织活力、保障员工健康等方面不断投入，凭借在医疗健康领域的专业优势，聚焦医疗基础建设与教育振兴，积极参与普惠医疗与社会公益事业，引领健康生活。

• 环境方面：2022 年，在现行的内部管理制度的基础上，公司围绕环境保护、职业健康、安全生产，新增发布《废气污染防治管理规定（试行）》《水污染防治管理规定（试行）》《污染源自动监控管理规定》《企业环境信息依法披露管理制度》《集团生物安全管理体系》等 16 个文件，系统化梳理公司环境管理工作，对生产运营的全过程进行规范化管理。通过改变总部食堂空调运行模式，

2022 年全年比上一年同期减少用电 15.4 万度。公司增加高效热交换装置，充分利用天然气燃烧后释放的热量，每年可节约天然气 2.1 万立方米。

● 社会方面：2022 年度，公司面向新员工、相关部门及专业人员开展培训活动及项目解读，累计开展培训 197 场，覆盖 14540 人次。此外，公司践行普惠医疗，2022 年度共有 93 款产品被纳入国家医保药品目录，其中公司当时已上市的 11 款创新药全部进入医保，进一步提升药品的可及性和可负担性。在助力乡村振兴方面，公司向中国乡村发展基金会捐赠 3000 万元，用于定向支持"健康帮扶"项目。

● 治理方面：2022 年度，恒瑞医药累计召开股东大会 2 次，董事会会议 10 次，监事会会议 6 次，日常参与投资者交流超过 160 余次。公司也不断加强维护中小投资者关系，证券事务部安排专人负责上证"e 互动"问题解答、投资者电话接听及邮件回复，上证"e 互动"问题回复率及电话接听率均达 100%。此外，公司商业道德培训已覆盖全体员工，公司累计培训时长达 72165 小时。

（八）农林牧渔行业：金龙鱼

金龙鱼粮油食品股份有限公司（以下简称金龙鱼）是中国最大的农产品和食品加工企业之一。公司 2022 年末总市值 2422.42 亿元，2022 年营业收入 2574.85 亿元，归属上市公司股东的净利润 30.11 亿元，资产总额 2279.43 亿元。截至 2022 年底，公司拥有员工超 30000 人，在全国拥有已投产基地 70 多个，生产型企业 100 多家。

金龙鱼 ESG 报告披露，公司严格遵守国家法律法规相关要求，构建职权清晰的公司治理架构，建立健全公司内部管理和控制制度，不断促进公司规范运作。同时，公司积极开展温室气体排放核查工作，从绿色生产、低碳产品、行业共建等方向探索低碳发展新模式，推进温室气体减排，为应对气候变化贡献力量，助力实现碳达峰、碳中和。此外，公司致力于提供健康、安全的工作环境，从招聘、培训、薪酬福利、沟通、职业发展等方面保障员工权益；结合业务特色服务国家乡村振兴战略，携手员工与合作伙伴在教育、就业、产业、疫情等多方面为社会做出贡献，发起并参与公益慈善项目。

• 环境方面：公司完成 86 家生产型企业和 59 家营销和商务型企业温室气体排放的精准盘查及核查，实施节能项目 194 个，总计投资约 2.2 亿元，预计可减少温室气体排放约 16.8 万吨二氧化碳当量，覆盖 69.5%的正常运营地（生产型企业），获得国内粮油行业首家“碳中和工厂”认证，环境保护培训覆盖率达 100%。公司新开展包装减量项目 17 项，减量 646 吨，2023 年包装减量目标顺利进行，可回收包装占 93.42%，2021 年至 2022 年底合计减量 6419 吨。

• 社会方面：2022 年度，产品研发共投入资金 2.4 亿元，新增知识产权 448 件，累计知识产权 3555 件，新增发明专利 83 件，累计发明专利产权 414 件。食品类生产型企业获得 FSSC22000 食品安全管理体系认证的覆盖率达 100%，生产型企业获得 ISO9001 质量管理体系认证的覆盖率达 100%。同时，公司员工人均培训时长 35.77 小时，金龙鱼基金会共捐赠 8889.21 万元。此外，公司非贸包材关键供应商完成 SSQ 评估，占其采购支出 94.24%的供应商完成了有效反馈，未发现供应商违反公司 ESG 政策。

• 治理方面：2022 年度，在公司内部进行 18 场深度访谈，并向股东与投资者、员工、供应商及其他合作伙伴、政府监管机构、社区和公众、媒体等发放 ESG 重要性议题调研问卷，了解各利益相关方所关注的议题。此外，公司举办了 ESG 活动周，通过内容宣导、知识竞答、案例分享、征文交流等活动，宣传 ESG 的方方面面；增设覆盖全集团的“可持续发展（ESG）贡献奖”评选活动，以表彰 ESG 贡献突出的团体和个人。

（九）休闲服务行业：中国中免

中国中免 2022 年末总市值 4466.18 亿元，2022 年营业收入 544.33 亿元，归属上市公司股东的净利润 50.30 亿元。中国中免拥有目前全球前两大的单体免税店——海口国际免税城、三亚国际免税城，实现机上、边境、外轮、客运站、火车站、外交人员、邮轮和市内等渠道全覆盖，是世界上免税店类型最全、单一国家零售网点数量最多的旅游零售运营商，连续第三年位列全球最大旅游零售运营商。

中国中免发布的 ESG 报告披露，公司建立规范的治理体系，信守商业道德和市场规则，加强信息披露管理，不断丰富完善投资者沟通渠道，及时将信息传递给广大投资者。同时，公司践行绿色低碳运营，加强能源与排放物管理，倡导绿色销售，多项建筑获得绿色认证。此外，公司以人为本，注重员工培训与发展，参与多项志愿服务，开展公益事业，助力乡村振兴。

- 环境方面：公司海口国际免税城已获得 LEED 金级预认证，三亚国际免税城 7 个店铺/柜台和一期二号地项目已获得 LEED 金级预认证，海口国际免税城（地块一）获得绿建二星预认。在海南省，提供了超过 2143 万个符合环保要求的购物袋，有效地减少了不可降解塑料垃圾；每平方米电力使用 0. 16 兆瓦时/年；每平方米温室气体排放量 0. 09 吨二氧化碳当量/年。

- 社会方面：2022 年度，员工培训覆盖率达 100%，培训总时长 33. 0 万余学时；男女员工比例为 45 ∶ 55；董事会、监事会成员中女性占 30%；女性高层管理人员占 28. 57%；女性中层管理人员占 36. 13%；投入安全生产费用 3554 万元，组织安全培训 667 场。此外，公司开展公益活动项目 57 项，志愿者服务参与 34. 72 万人次，志愿者服务总时长 5. 24 万小时，对外捐赠公益项目金额 200 万元，在公共卫生方面投入总金额 1209. 82 万元，在乡村振兴方面投入总金额 1210 万元（其中实施各类帮扶项目 10 个，引进帮扶资金 484. 8 万元）。

- 治理方面：2022 年，公司通过微信公众号及小程序、雪球网公司号等新媒体沟通平台，将公司最新资讯、最新动态及时传递给广大投资者。同时，公司严格按照《公司法》《证券法》等相关法律法规及中国证监会、上交所的相关规定，真实、准确、完整、及时、公平地披露公司信息，已连续七年荣获上交所信息披露工作 A 级评价。此外，公司对全体员工开展 5 次反贪污培训，培训覆盖率达 100%；对包括独立董事在内的董事、监事开展共计 3 次反贪污培训，培训覆盖率达 100%。

（十）汽车行业：比亚迪

比亚迪 2022 年末总市值 7446. 02 亿元，在 2022 年营业收入超 4240 亿元，同比增长 96%，员工人数超 57 万人，在全球累计申请专利 3.9 万项、授权专利 2.7 万项。比亚迪业务横跨汽车、轨道交通、新能源和电子四大产业，是在香港和深圳两地上市的世界 500 强企业。2022 年，比亚迪汽车累计销量 180.2 万辆，同比增长 149.9%，其中新能源汽车销量 178.8 万辆、同比增长 217.6%，位居全球新能源汽车销量第一，进入日本、德国等汽车强国市场以及泰国、巴西等新兴市场。

比亚迪 2022 年度 ESG 报告披露，比亚迪不断完善公司治理，建立健全内部管理和控制制度，不断提高公司的治理水平。同时，公司通过生产绿色产品帮助社会降低能源消耗的同时，也注重减少自身的经营活动对环境的直接影响。公司也积极向社会公众披露履行社会责任的状况，让全社会了解、监督比亚迪的企业社会责任工作，促进比亚迪与社会公众之间的了解、沟通与互动，实现公司的可持续发展。

• 环境方面：比亚迪在全球率先停止燃油汽车生产，成功打造了中国汽车品牌首个零碳园区总部，园区内新能源车使用率达 100%，共减排 245681.89 吨二氧化碳当量。同时，比亚迪新增大型生产技术工艺管理节能改造项目 48 个，总计节能效益为 8248 吨标准煤，减排 21444.8 吨二氧化碳。2022 年，深惠地区累计购买 GEC 绿证 104707 张，减少 91294 吨二氧化碳排放。截至 2022 年 3 月，比亚迪客车累计行驶总里程超过 100 亿千米，其中纯电动公交车单车最高行驶里程已超过 64 万千米，相当于绕地球赤道 16 圈。2022 年 4 月，墨西哥当地最大的新能源交通运营商 VEMO 向比亚迪墨西哥分公司合计购入 1000 辆 D1，将组成海外最大纯电动出租车队，其中 200 辆已在当地投入运营。

• 社会方面：2022 年，比亚迪慈善基金会累计捐赠公益慈善项目 2.4 亿元，其中在赈灾救助方面，全年捐赠防疫资金及物资达 5910 万元，向四川泸定县捐赠紧急救援及灾后重建资金 500 万元，向西安红十字会捐赠 1000 万元及 3000 万元抗疫物资，用以驰援西安抗疫；在教育支持方面，全年捐赠 1700 多万元，持续支持助学、奖学和改善教育设施等；在帮扶弱势群体方面，截至年底累计为 992 名脑瘫患儿提供康复训练、疾病救助，投放 100 台移动母婴室，支持北京大学深圳医院设立血液病研究中心，推动血液病诊疗研究。截至2022年12月31日，比亚迪接收应届毕业生9141人、实习生11650人，接收残疾人1413人，在比亚迪高级管理层中，女性成员比例为13%。2022年，投资1亿多元建成630平方米的职工之家和总建筑面积41000平方米的启迪体育中心。

- 治理方面：2022年共计开展近70场知识产权培训，累计参训人数近4200人，提升全员知识产权意识。审计监察处更是在组织架构、制度建设、权限管理、沟通渠道等各方面，对反腐败机制和策略做了系统化的调整。2022年员工拒腐622人次，自2017年反贪腐备案流程上线以来，拒腐共计3008人次，查处不廉洁、严重违规人员167人，已审结贪污诉讼案件4起。

（十一）电子行业：海康威视

公司2022年末总市值3664.50亿元，2022年营业收入831.66亿元，归属于上市公司股东的净利润128.37亿元，资产总额1192.33亿元。在综合安防领域，根据Omdia1报告，海康威视连续8年蝉联视频监控行业全球第一，拥有全球视频监控市场份额的24.1%。在针对安防产业的专业媒体发布的《A&S安全自动化》“全球安防50强”榜单中，海康威视连续4年蝉联第一。

海康威视的ESG报告全面阐述了公司2021年度在经济、环境、社会方面的表现举措，集中讨论利益相关方关注事项。公司将企业社会责任与可持续发展融入业务，以技术创新为驱动，致力于成为一家受人尊敬的全球科技企业。

- 环境方面：2022年报告期内，海康威视绿电采购量达到32852兆瓦时，光伏发电总量4508.3兆瓦时，同时积极通过材料替代、减塑包装设计、循环托盘、周转箱使用、100%全降解塑料袋物料推行等方式，预计减少塑料使用27.9吨/年，减少碳排放767吨/年。此外，海康威视自主研发的高效制冷机房解决方案已在四期园区投入使用。公司运营方面，海康威视持续优化研发过程中的能源利用，最大化使用虚拟机代替物理机，每年预计减少电力消耗5000兆瓦时，减少碳排放近4000吨，同时也积极推广线上会议、电子签章等无纸化办公形式。产品方面，海康威视获得中国环境标志的产品超 41800 个型号（包含产品子型号），较 2021 年增长约 41.7%，获得中国节能产品认证的产品约 30300 个（包含产品子型号），较 2021 年增长约 6%。

• 社会方面：海康威视运用技术优势，在城市管理、乡村振兴、民生服务、社区运营等场景中贡献力量，助力公共服务水平的提高以及城乡生活品质的提升。海康威视不断拓展智慧城市应用，助力提高城市管理和运行效率，让交通更便捷、治理更精细、服务更精准、生态更宜居。具体行动包括实时监测重点区域，发现燃气泄漏、浓度超标、施工破坏等异常情况自动报警，避免安全事故，保障燃气供应。疏通城市防汛管路，对易涝点水位进行数据采集和信息预警发布，助力城市排水和防涝工作，守护过往行人和车辆。检查桥梁健康情况，对桥梁主梁的轻微位移、桥栏损伤、钢筋外露等问题进行实时预警，为保证桥梁健康提供数据支撑。监测地下综合管廊，实时监测综合管廊的结构、电气设备、消防、环境等状态，保障电、气、水等正常输送。

• 治理方面：对内部《化学品管理规范》进行了第 12 次修订，增加了化学品导入要求，进一步完善了面向所有化学品的采购、运输、储存、使用、废弃过程的管理规范。2022 年度，《员工廉洁承诺书》签署比例为 99.19%，在重要且风险较高的业务模块《供应商诚信廉洁协议》签署比例超过 90%，经销商类业务《廉洁协议》签署比例近 100%。

（十二）交通运输行业：顺丰控股

顺丰控股 2022 年末总市值 3992.71 亿元，2022 年营业收入 2675 亿元，总资产 2168 亿元，毛利额 334 亿元，归母净资产 863 亿元，归母净利润 61.7 亿元。顺丰控股诞生于广东顺德，经过多年发展，已成为国内领先的快递物流综合服务商、全球第四大快递公司，2022 年顺丰控股首次跻身《财富》世界 500 强榜单。

顺丰控股 ESG 报告披露，报告期内，顺丰控股不断规范企业治理，强化风控管理，恪守商业道德，加强数据安全治理。公司用科技赋能碳管理，助力企业可持续发展，通过打造绿色物流，推动循环经济，应对气候变化。此外，公司致力于营造公平、公正、公开的人才环境，保障安全生产，重视供应商管理，在医疗、教育、环保等多领域持续开展志愿公益活动，并以数字技术赋能乡村地区农业发展。

• 环境方面：2022 年度公司碳目标基本达成，温室气体排放强度 47.6 吨二氧化碳当量/百万元营收，较 2021 年降低 2.1%；单票快件碳足迹 824.5 克二氧化碳当量/件，较 2021 年降低 4.2%。公司在义乌、合肥、香港等 9 个产业园发展光伏发电项目，2022 年度可再生能源发电量 984.3 万千瓦时，减少温室气体排放 6792 吨二氧化碳当量。此外，公司致力于绿色运输，通过绿色运输举措减少温室气体排放 30.4 万吨二氧化碳当量；2022 年度新增新能源车辆运力 4911 辆，通过截弯取直技术节约航空燃油量 1234 吨，通过二次放行技术节约航空燃油量 707 吨；截至 2022 年底，累计投放新能源车辆超过 26000 辆。顺丰控股积极践行包装减量化、再利用、可循环、可降解，2022 年通过轻量化、减量化等绿色包装技术，减少原纸使用约 4.7 万吨，减少塑料使用约 15 万吨；顺丰控股自主研发的全降解包装袋“丰小袋”，生物分解率在 90%以上，年度内在北京、广州等地累计投放超过 6251 万个；通过绿色包装举措减少温室气体排放 50.6 万吨。公司积极构建绿色森林，2022 年度公司在河北省石家庄市种植碳中和林 214 亩，种植侧柏、山桃、山杏树苗 33628 棵；截至 2022 年底，累计种植 369.7 亩共 50828 棵碳中和林，未来生长过程中至少可以吸收大气中二氧化碳 2430 吨。

• 社会方面：2022 年度女性从业人员占 14.7%；为退役军人提供了超过 9400 个就业岗位，较 2021 年提升 130%；为 200 名残障人士提供就业岗位，较 2021 年上升 52%。公司加强民主管理，公司工会组织共 130 个，2022 年度工会诉求解决率 97.1%，工会满意度 91.9%，集体谈判协议覆盖率 49%。此外，顺丰公益基金会全年公益总支出 11740 万元；22 个志愿者协会共组织开展公益活动 148 场次，活动参与 7226 人次，志愿服务时长 1206286 小时。此外，公司积极助力乡村振兴，截至 2022 年末顺丰控股助力农产品上行，服务网络已覆盖全国 2800 多个县/区级城市，共计服务 4000 余个生鲜品种，

2022年度运送特色农产品362万吨，预计助力农户创收超千亿元。

• 治理方面：2022年度顺丰控股从业人员《反腐败承诺书》签署率94.6%，较2021年提升1.7%。其中三线管理人员《反腐败承诺书》签署率96.5%。全年未发生与不正当竞争及反垄断相关的法律诉讼事件和匿名举报者隐私泄露事件。2022年度开展风控周例会24场，共生成56项决议，其中4场会议、5项决议涉及ESG相关议题，覆盖人员安全、生产安全等ESG议题。

（十三）房地产行业：万科A

万科A 2022年末总市值1.60万亿元，2022年公司营业收入5038.38亿元，营业利润520.07亿元，归属于上市公司股东的净利润226.18亿元。万科A成立于1984年，经过三十余年的发展，已成为国内领先的城市建设服务商。公司业务聚焦全国经济最具活力的三大经济圈及中西部重点城市。2022年，万科A位列《财富》“世界500强”第178位。

万科A发布的第15份可持续发展报告披露，万科A作为中国房地产行业的领先企业，长期致力于绿色可持续发展，将绿色、低碳理念融入设计、建造、运营等全过程，也持续推动绿色供应链打造、倡导绿色租赁、积极探索碳中和社区构建。公司秉持长期主义，持续推进可持续发展，夯实稳健经营之道，引领绿色低碳的环境之道，领航共享共融的社会之道。

• 环境方面：2022年度公司满足绿色建筑评价标准面积3.083亿平方米，新增满足绿色建筑评价标准的面积中引入了可再生能源设计的项目占36%，住宅产业化在总开工量中占85%。万纬物流发布近零碳智慧物流白皮书，打造近零碳智慧物流园区，公司获得国内首个物流园净零碳建筑认证项目。公司社区废弃物管理项目数量207个，商业开发与运营及租赁住房业务在标准租赁合同模板中纳入ESG倡议条款。

• 社会方面：2022年末公司员工总数131817人，女性员工占45%。2022全年员工培训平均时长25.3小时，开发或更新培训课程2159个，员工及实施单位承包商安全培训覆盖率100%。公司对外捐赠 1.2 亿元。截至 2022 年底，万科 A 联合桂馨基金会在永顺县建设书屋 40 个，累计捐赠图书 124340 册，为 28 所学校捐赠科学实验工具箱 1000 余箱，线下培训教师 178 人次，为 73 位教师或其子女提供了健康关爱金或奖学金，累计受益乡村师生 73447 人次，超过 12.8 万人次乡村师生直接受益。此外，公司积极参与社会公益活动，万科公益基金会共发起 19 场员工公益志愿者活动，号召 10557 人次参与，累计志愿服务时长达 108750 小时。

- 治理方面：2023 年 3 月，万科 A 于《董事会薪酬与提名委员会实施细则》中新增《董事会多元化政策》专章，以进一步明确董事会多元化的方针及要求。2022 年度，公司共召开了 2 次股东大会，修订发布了《公司章程》，进一步提高公司治理水平。为防控腐败风险，2022 年公司针对全集团各业务线共计开展 12 次综合审计及 126 次专项审计；开展廉政监察项目 146 次，其中针对营销、财务、成本、采购等重点风险领域开展检查 13 次。

（十四）机械设备行业：三一重工

三一重工 2022 年末总市值达 2267.601 亿元，2022 年营业收入 800.18 亿元，归属于上市公司股东的净利润 42.73 亿元，总资产 1587.55 亿元。三一重工自成立以来持续快速发展，目前已成为全球装备制造业领先企业之一。三一重工主导产品为混凝土机械、挖掘机械、起重机械、筑路机械、桩工机械等全系列产品。三一重工混凝土机械稳居世界第一品牌；挖掘机械在 2020 年首夺全球销量冠军；大吨位起重机械、履带起重机械、桩工机械稳居中国第一。

三一重工的 ESG 报告披露，公司坚持诚信合规，严守商业道德，积极打造符合商业道德标准及合规经营原则的一流治理体系。公司坚定推动绿色发展、安全发展，积极践行“双碳”责任，全面建设安全、环境、职业健康管理体系，全力共赴共谋绿色安全未来。此外，公司将员工视为公司长久发展的基石，通过参与公益活动、救灾救援、可持续创新乡村振兴，为推动社会进步贡献“三一”力量。

- 环境方面：公司旗下 23 家主机及零部件制造子公司中，8 家通过 ISO14001 环境管理体系认证并通过 ISO14001 环境管理体系外部审核，占 34.78%。2022 年度，公司清洁能源利用量 1601.30 万千瓦时，清洁能源利用比例 1.88%；节能降耗项目节约能源费用 5777.6 万元，同比节约 20.11%；废水、废气排放达标率 100%，危险废弃物 100%合规处置，未收到环境方面的重大投诉或处罚。公司不断升级环保净化装置，从末端治理废气排放，年度投资超 1.4 亿元，2022 年度减少 VOCs 排放 134.83 吨，VOCs 排放密度 0.0011 吨/百万元营收，较基准年降低 39.71%。公司通过工艺优化、物料替换等方式从源头减少废水产生，2022 年化学需氧量排放密度 0.92 千克/百万元营收，同比降低 58.21%，氨氮排放密度 0.04 千克/百万元营收，同比降低 65.27%。

• 社会方面：2022 年度，公司健康安全培训覆盖 268190 人次，培训总时数 418920.5 小时；职业病伤害人数 0 人，职业岗位职业健康体检覆盖率 100%；职业培训覆盖员工比例 78.42%，员工平均受训时数 96.80 小时；组织氛围调研收集有效问卷 20262 份，员工满意度达 87%；持股激励规模达 4.85 亿元，覆盖员工近 7000 名，充分调动员工工作的积极性，以切实行动推动企业与人才共发展。此外，公司各类公益投入总金额 4576.90 万元，员工志愿活动总计 687.4 小时，在河流净滩志愿服务活动中，18 名志愿者在长沙县捞刀河河滩边进行垃圾清理，贡献近 40 小时志愿服务时长，共捡拾垃圾 44.85 千克，捡拾垃圾 2489 件。

• 治理方面：2022 年，三一重工共召开了 5 次股东大会，董事会 13 次，董事出席率 100%；召开监事会 12 次，监事会成员出席率 100%；公司内部反腐审计覆盖率达 100%，反贪腐培训覆盖人数超 8100 人；供应商廉洁合作协议/承诺书签订率 100%，供应商廉洁教育培训 5 次，覆盖 1538 家供应商。

（十五）建筑材料行业：海螺水泥

海螺水泥 2022 年末总市值 2055.60 亿元，2022 年营业收入 1320.22 亿元，利润总额 200.15 亿元，归母净利润 156.61 亿元，归母净资产 1836.39 亿元。海螺水泥是中国第一家 A+H 股水泥上市公司，享有了“世界水泥看中国，中国水泥看海螺”的美誉，入选福布斯“2022 中国 ESG 50 强”企业。

海螺水泥披露的 ESG 报告是继 2008 年 3 月公司发布第一份《社会责任报告》之后的第 15 份社会责任报告。2022 年度，公司将清洁能源视为生态文明建设的集中力量，持续加大光伏、风能、生物质等替代燃料和清洁能源的使用，推进企业能源结构转型。在公司治理方面，公司聚焦可持续发展管理、风险管理和廉政建设，以保证各利益相关方的权益。此外，公司实施人才战略，勇于承担社会责任，积极投身于乡村振兴工作中，履行海外责任，将爱心和温暖传递给世界各地需要帮助的人们。

• 环境方面：2022 年较 2020 年二氧化碳排放强度降低 0.67%，熟料单位产品综合能耗降低 4.83%，水资源使用强度下降 14.89%，实现有害废弃物 100%合规处置，无害废弃物 100%回收利用。2022 年度，公司节能减排投入金额 19.84 亿元，环保技改投入金额 8.69 亿元，全年推广使用清洁能源，节约标准煤 3.1 万吨，减少二氧化碳排放 20.4 万吨。公司共有 44 座矿山入选“国家级绿色矿山名录”，39 座矿山入选“省、市级绿色矿山名录”。此外，公司与供应商合作进行废弃物再利用，报告期内消化了超过 1100 万吨粉煤灰，600 万吨炉渣和 800 万吨脱硫石膏。

• 社会方面：公司定期接受绩效和职业发展考核员工占比达 96%；员工总受训时数 4865206 小时，共计 1008398 人次接受培训；全年公积金、企业年金等总支出达 20.94 亿元；《2022 年安全生产职业健康目标责任书》签订率 100%。在发放慰问金及物资方面，公司共计投入 898.1 万元，慈善捐赠事业方面投入 152.63 万元。此外，公司完善《检维修作业安全准则》《相关方安全管理制度》，加强包括供应商、承包商在内的相关方安全管理，安全费用投入共计 58154.98 万元。

• 治理方面：公司制订《海螺水泥 2023 年度 ESG 管理实施方案》。公司面向董事、管理层及员工的反贪腐培训 30 次，覆盖 115000 人次，2022 年度共发生 0 起贪腐、贿赂和不正当竞争相关事件。截至 2022 年末，“海螺物资阳光采购平台”累计注册供应商 19827 家，累计开展招标项目2082项，国内和海外子公司原材料和辅材本地化采购比例均为100%。

（十六）有色金属行业：紫金矿业

紫金矿业2022年末总市值4141.15亿元，2022年营业收入2703亿元，比2021年上涨20%，资产总额3060亿元，利润总额300亿元，归母净利润20亿元。紫金矿业是一家大型跨国矿业集团，在全球范围内从事铜、金、锌、锂等金属矿产资源勘查与开发、工程设计、技术应用研究、冶炼加工及贸易金融等业务，拥有较为完整的产业链。公司列2022年《福布斯》全球上市公司第325位，《财富》世界500强第407位。

紫金矿业ESG报告描述了紫金矿业2022年的方法和绩效。公司将ESG治理理念与企业实际深度嵌合，构建既符合国际标准又具有紫金矿业特色的治理模式。主营业务方面，公司坚持以优质、低碳的金属矿物原料，实现矿产资源集约开发与生态环境保护的和谐统一，为人类美好生活提供低碳矿物原料。公司尊重全体员工，支持联合国可持续发展目标，将消除贫困、体面工作和经济增长、负责任的消费和生产等目标融入公司的社会绩效和承诺中。

- 环境方面：公司积极应对气候变化，发布基于TCFD框架的《应对气候变化行动方案》，2022年度可再生能源占16.21%，温室气体排放强度1.55吨二氧化碳当量/万元工业增加值，较2021年下降13.4%。生态环境方面，公司环境保护投入14.67亿元，较2021年上涨3.3%，一般废弃物利用率14.71%，较2021年提高了8%，水循环利用率94.29%，较2021年提升了2.5%。2022年，公司通过并购、新建清洁能源设施的方式，权益清洁电力装机量达167.48兆瓦，发电量257.46亿瓦时。此外，公司新种植树木约121万株，相当于未来每年抵消约2.18万吨二氧化碳，累计恢复植被面积约1275万平方米。

- 社会方面：截至2022年末，公司员工总数48836人，较2021年增加11人，公司的本地化雇佣率达到96.29%。公司员工满意度调研中，超过92%的员工表示愿意为公司发展付出额外的努力，总体均分约4.7。2022年度，公司安全生产投入21.23亿元，较2021年增加42%，全年百万工时可记录事故率0.64%，较2021年降低5%，百万工时损工事故率0.29%，较2021年降低3%。此外，公司参与社区发展建设，2022年度社区发展投资总额4.55亿元，占年度净利润的1.52%，投资总额较上年增长7.31%。

• 治理方面：2022年末，女性董事比例提升至15.4%，独立董事和非执行董事占53.8%，董事会审议ESG提案占25.6%，ESG因素占高管薪酬考核的20%，未发现重大侵犯人权事件。2022年度，董事会共研究审议了172份议案或事项，其中44份与ESG有直接关系。此外，公司总部完成反腐败等专项检查项目37项，计划完成率100%。开展公司总部及60家子公司内控测评（含督促指导49家子公司内控自查），发现缺陷整改项目2237项，整改闭合率94.6%，推动子公司不断完善并加强内控自查与评价机制。

（十七）传媒行业：中公教育

中公教育2022年末总市值291亿元。2022年，总资产80.27亿元，总营业收入48.25亿元，归属上市公司的净资产7.80亿元。公司在全国超过1500个直营网点展开经营，深度覆盖300多个地级市，并稳步向数千个县城和高校扩张。经过长期的探索与积淀，中公教育已拥有超过1600人的规模化专职研发团队，超过9000人的大规模教师团队，总员工人数超过22000人。依托卓越的团队执行力和全国范围的垂直一体化快速响应能力，公司已发展为一家创新驱动的企业平台。

中公教育的ESG报告披露，报告期内，公司严格遵守并执行各项有关规定，不断完善公司治理体系，规范公司运作，强化风险管控和廉洁建设，争取股东权益最大化。公司将环境保护纳入发展规划，坚持通过绿色办公、节能减排等方式，切实减少企业运作对环境造成的影响，也鼓励员工开展绿色志愿活动。同时，公司不断优化产品配置满足学员个性化需求，注重员工的培养，建立了公平、可持续的采购供应体系，并在产业发展、环保等领域开展公益活动。

• 环境方面：公司采取合理设置空调温度、设立“办公废纸回收箱”、饮水设备旁设有净水桶、二次利用过夜饮水、杜绝在工位使用高耗能电器设备营运等方式支持绿色办公，提高资源利用效率。公司持续“无纸化”办公，推出了“电子协议”系统，全面取代了纸质协议。自2020年起，中公教育一直积极贯彻国家垃圾分类政策，在总部、各分公司、各办公点全面推进垃圾分类工作，对垃圾进行归类处理，实现资源的可回收利用。

• 社会方面：2022年，公司持续投入优质资源，优化培训体系，为员工的职业发展提供知识支持和多样化的学习选择，促进人才发展。2022年度，公司组织院校学生通过公益直播带货的方式，拓宽群众销售渠道，让县域特色农副产品走出去，助力乡村振兴。2022年7月，中公教育山东分公司“红帆善航”无偿献血公益活动再度扬帆，用实际行动诠释对生命的关爱。为了提升街道社区形象，中公教育志愿服务队“承包”了总部办公楼外200多米路段的共享单车摆放和引导工作，共有3000余人次参与此志愿服务。

• 治理方面：2022年公司召开1次临时股东大会和1次年度股东大会，审议了《2021年年度报告》《2021年度董事会工作报告》等相关议案，公司监事会审议了《2021年度监事会工作报告》等相关议案。报告期内，公司通过线上、线下两种方式，保持与机构投资者的深度沟通，及时更新公司发展动态。此外，公司参照《企业内部控制基本规范》及其配套指引，结合公司内部控制制度和评价办法，在内部控制日常监督和专项监督的基础上，对公司内部控制体系和内部控制环境进行持续优化，以适应不断变化的外部环境和公司高质量发展要求。

（十八）计算机行业：金山办公

金山办公2022年末总市值1252.48亿元，2022年营业收入38.85亿元，归属于上市公司股东的净利润11.17亿元，总资产120.58亿元。金山办公是全球知名的办公软件产品和服务提供商。截至2022年底，金山办公已服务全球220多个国家和地区，金山办公及子司拥有自主知识产权数量超过2060项，主要产品月度活跃设备数达5.73亿台。其中，WPS Office PC版月度活跃设备数2.42亿台，同比增长10.50%，移动版月度活跃设备数3.28亿台。金山办公服务覆盖党政机关、金融、能源、航空、医疗、教育等众多组织用户。

金山办公的ESG报告展示了公司的ESG理念、实践及年度主要ESG工作进展。金山办公不断健全内部控制管理制度，完善ESG管理框架，持续丰富产品应用场景，守护用户信息安全，精进用户服务水平。同时，金山办公将节能减排、减少资源利用以及应对气候变化融入日常运营，同时聚焦协同办公及无纸化办公，以科技力量赋能更多用户实现低碳数字化转型，助力国家“双碳”目标实现。此外，公司保障员工权益并支持员工发展，并在共享发展成果、赋能中小企业、助力智慧教育、护航冬奥盛会等方面积极行动。

- 环境方面：以单个线上文档篇幅为5页A4纸计算，2022年度新建金山文档节约的纸张数约3.45亿张，相当于93万本《新华字典》。稻壳儿内容平台中的环保公益类文档及海报总展示量突破2.45亿份，下载量900多万次，为用户提供绿色低碳的内容平台。金山办公员工共使用16万次金山会议，会议总时长为1490万分钟，云文件发送889472次，本地文件发送334334次，轻审批总计17618单。2023年起，金山办公租赁的数据中心报废的服务器和交换机均由有资质的回收商100%进行合规处置。

- 社会方面：截至2022年末，公司员工总数4278人，女性员工占33.24%。2022年度，公司开展9场隐私安全相关培训，培训覆盖金山办公全体产研人员；开展线下驻场咨询活动23次，为636人次提供暖心EAP心理咨询服务，关注员工心理健康；开展线上及线下培训218场，总课时923.5小时，共计10286人次参与。同时，公司冬奥服务保障团队共计处理问题工单800余次，提供超过4000小时技术保障。公司也积极推动社会公益事业发展，2022年公司向西安交通大学教育基金会捐赠40万元教育基金，为高等教育高质量发展贡献力量。此外，公司积极响应国家对共同富裕、乡村振兴的号召，继蒙古文版、藏文版推出之后，发布了WPS维哈柯文版，与新疆大学联合成立多语言技术发展实验室，推动民族地区的数字经济发展。

• 治理方面：2022 年，金山办公共召开 8 次董事会会议，董事会成员全部出席，董事会会议对公司运营与发展议题进行审阅、决策和批复。公司纪律检查委员会 2022 年度开展 1 次内部安全审计，3 次外部安全审计，12 场内外部安全攻防演练，防范数据安全隐患。公司累计于“团队广场”发布反垄断合规文章 7 篇，总计 3930 人次阅读学习。

（十九）国防军工行业：航发动力

航发动力 2022 年末总市值 1561.41 亿元，2022 年营业收入 370.97 亿元，利润总额 15.57 亿元，资产总额 899.66 亿元。该公司是中国大、中、小型军民用航空发动机，大型舰船用燃气轮机动力装置的生产研制和修理基地，集成了中国航空动力装置主机业务的几乎全部型谱，承担着航空、航海、航天和国民经济建设领域众多装备制造任务，是国内生产能力最强、产品种类最全、规模最大的动力装置生产单位。

航发动力披露的 ESG 报告显示，报告期内，公司不断完善公司治理结构，推进诚信经营体系建设，大力开展合规经营宣传，完善风险管理制度。公司积极承担环境责任，不断完善环保管理制度，积极实施节能减排工程，监控污染治理设施有效运行，强化污染源头管控，全年无等级污染事故，污染物排放达标率、危险废物处置率、污染物排放量等环保关键绩效指标均满足控制要求。此外，公司保障员工合法权益，扎实精准推进乡村“五大振兴”全面升级，参与社区发展与志愿服务。

• 环境方面：2022 年度，公司修订环保相关制度 21 份；对 5 个室外废乳化液贮存池的防泄漏、防雨、防洪设施进行改造；公司及子公司投入资金 7592 万元用于废气治理、环保设备设施维护保养等工作，基本实现了全过程的污染防治。公司全年综合能源消耗量 234334.5 吨标准煤，较上年减少 1.83%，单位产值综合能源消耗量 0.0456 吨标准煤/万元，较上年减少 20.55%。此外，公司在 2022 年全国节能宣传周和全国低碳日活动期间，征集节能合理化建议 36 项、节能稿件 30 余篇；组织全体员工开展节能低碳生活、生态文明建设线上知识答题，主要用能单位员工参与率在 90%以上。

• 社会方面：公司实施“菁英引航计划”，组织青年技术骨干能力素质培训班，累计培训 103 人，共计 5101 学时。公司本部投入职业健康专项资金 1000 万元，从设备防护、个体防护、健康监护等多方面系统提升公司职业病危害防治水平，派发职业病防治宣传知识手册 1300 本、职业病防治法手册 170 本、职业卫生宣传折页 1000 份、职业病分类目录手册 1000 本、宣传板报 25 张。公司积极开展校企共建，以访企拓岗、人才互派等方式，与 21 所重点院校开展校企交流，柔性引进高校博士、副教授 2 名；以项目联建、人才联培等方式同 8 家行业内兄弟单位开展技术合作，柔性引入挂职技术骨干 22 人。此外，公司帮扶工作队帮助平青村积极探索集体经济增收新模式，帮助青杠坡村茶厂运营走上正轨。

• 治理方面：公司编制《“合规管理强化年”工作实施方案》，稳步推进合规管理组织机构及制度体系双优化，发布《合规负面行为清单》，进一步健全完善合规管理体系建设和运行机制。建立内部控制和风险管理“决策机构—主管部门—责任单位”三级架构，不断完善内部控制和风险管理制度规范。

（二十）通信行业：中兴通讯

中兴通讯 2022 年末总市值 2338. 38 亿元，2022 年营业收入 1230 亿元，归母净利润 80. 803 亿元。公司是全球领先的综合通信信息解决方案提供商，为全球电信运营商、政企客户及个人消费者提供创新的技术与产品解决方案。公司成立于 1985 年，在香港和深圳两地上市，业务覆盖 160 多个国家和地区，服务全球 1/4 以上人口，致力于实现“让沟通与信任无处不在”的美好未来。

中兴通讯发布的 ESG 报告披露，公司董事会对公司年度可持续发展战略、重大项目以及相关工作规划进行审批，并定期听取可持续发展管理委员会汇报，确保公司可持续发展目标达成。2022 年，公司发挥基础技术研发创新与商用优势，通过 5G 技术引领，加快各行各业的数字转型，实现社会经济可持续发展。公司坚持可持续发展理念，实现社会、环境及利益相关方的和谐共生，通过技术赋能实现各行业的绿色发展，合理管控资源及能源消耗，降低碳排放，优化废弃物管理，助力循环经济，不断降低企业运营对环境的影响。此外，公司在全球范围内参与本地社区可持续发展议程，甄别重点议题，通过技术、资金以及志愿者服务为全球社区贡献力量。

• 环境方面：2022 年，公司获得 SGS 颁发的 ISO14604-1：2018 温室气体排放核查声明书，成为中国通信行业首批导入并推行该标准的企业。公司实现单台产品生产的二氧化碳排放降低 9.3%，生产用电比 2021 年下降 7.13%。通过中台共享、研发云化、实验室技术节能降碳等举措，实现售出产品碳排放强度年降 14.72%以上。南京滨江工厂建有基于"高铁—公交—的士"模式的 5G 厂内智能物流，全面应用立体仓库、线边仓、跨楼层提升机、跨楼栋输送线、5G 云化 AGV 等智能仓储物流装备，实现从原材料到成品的全流程不落地和自动化生产，每年可以减少 30 万吨以上的碳排放。在全球 60 个主要国家/地区，中兴通讯与全球 150 余家专业环保机构开展深度合作，共计回收金属 1418 吨，塑料 61 吨。

• 社会方面：2022 年，超过 5.8 万名员工通过 IT 化线上学习平台参加合规培训，超过 1.4 万员工通过线下途径参加合规培训，员工培训覆盖率 100%。公司新增设立技能培养道场 38 个，道场覆盖岗位 25 个，实操培训覆盖超过 7000 人。同时，公司内部上线"兴管家"平台，2022 年平台收集建言 11000 余条，报障 15000 余条，好评率 85%。中兴通讯 2022 年度对外公益捐赠 2345 万元。中兴通讯公益基金会捐赠 2033.66 万元，年度公益项目数量共 58 个。截至 2022 年年末，公司已在全球各地成立 16 个志愿者队伍，共有注册员工志愿者 8063 名，累计志愿服务 19746.5 小时；2022 年开展各类服务 248 场，包括关爱失母儿童、清洁山野、陪伴孤独症儿童艺术疗愈等活动，累计服务群众 10 余万人。

• 治理方面：公司更新发布《中兴通讯商业行为准则》，全年组织 252 次针对 BCM 业务高风险领域的公司级和领域级演练，强化灾害应急和业务恢复能力。2022 年 Sustainalytics 评估中，公司在"贿赂 & 腐败政策""贿赂 & 腐败体系"两项获得双百满分。

（二十一）钢铁行业：宝钢股份

宝钢股份2022年末总市值1245亿元，2022年营业收入3678亿元，营业利润150亿元，归母净利润122亿元。宝钢股份是中国最现代化的特大型钢铁联合企业，也是国际领先的世界级钢铁联合企业。公司的母公司中国宝武2022年首次挺进《财富》世界500强前50行列，宝钢股份荣登"《财富》最受赞赏的中国公司"全明星榜，位列金属行业明星榜榜首。

宝山钢铁的ESG报告披露，董事会作为公司ESG管理的最高机构，设立了战略、风险及ESG委员会，下设ESG工作小组，全面实现对ESG工作的战略决策和制度制定，并监督目标达成。公司倾力打造以推动极致能效、普及绿色能源和低碳冶金为核心的绿色制造范式，不断提升自身产品的绿色属性，并持之以恒地对废气排放、固体废弃物、废水排放、水资源、生物种群保护等多项指标展开长期管理与优化。公司坚持以人才为本的发展理念，同时积极承担社会责任，以各类慈善捐赠和公益活动回馈社会，彰显国企担当。

- 环境方面：2022年度，公司发布了BeyondECO™低碳品牌，并向市场首发多款前沿低碳产品。截至2022年末，公司近三年运输、使用的产品和服务、投资公司产生的其他间接温室气体排放量3435.8万吨二氧化碳当量，较2021年减少269.9万吨二氧化碳当量。公司始终聚焦余热余能资源化与能源回收，2022年度东山基地吨钢余能回收98.2千克标准煤/吨，创历史最优水平，6项指标创年度最优。公司已批复新增112兆瓦光伏装机，新增投运62.3兆瓦，截至2022年末公司累计完成绿电交易量5.76亿度，宝山基地第一次完成绿证交易1万张，相当于交易1000万度绿色电力。

- 社会方面：培训公司员工168万人次，员工受训总时长561万学时，员工平均培训时长144学时；在职员工占工会会员比例100%，签订集体协议覆盖率100%，用工风险防范培训等员工权益培训覆盖率100%，面向全体员工定期开展人权及劳工权益培训覆盖率达100%；全年未发生任何雇用童工、强迫劳动、人口贩卖、歧视和骚扰事件。2022年度，宝钢股份在乡村振兴方面共计捐赠资金7070万元，帮扶项目 46 个，结合春节、端午、高温慰问等开展消费帮扶，采购当地农副产品共 1275 万元，助推脱贫地区企业和百姓增收。2022 年开展企业青年进社区、全球低碳冶金创新论坛等志愿服务活动 230 余项，青年参与志愿活动累计超过 2400 人次，服务时长 13900 余小时。截至 2022 年末，宝钢教育基金会累计投入资金超过 2 亿元，30 多年来奖励优秀师生超过 2 万人。

• 治理方面：公司制定及修订《宝钢股份"三重一大"决策制度实施办法》《宝钢股份经营投资纪律》等 10 项合规管理制度，2022 年宝钢股份的内部审计覆盖率 100%，审计问题到期整改完成率 100%。2022 年度累计通报典型案件 13 件，预警 8 方面 45 项廉洁风险；同时编发 10 个典型案例，举一反三，扩大教育范围和受众面。公司针对反腐败、反贿赂相关规定，典型违纪案例剖析等开展各项廉洁教育，实现员工 100%教育覆盖。

（二十二）商业贸易行业：苏宁易购

苏宁易购 2022 年末总市值 210 亿元，2022 年营业收入 714 亿元，利润总额-196 亿元，净利润-162 亿元。目前在全国经营超 1 万家门店，形成了线下实体店、线上苏宁易购 App、苏宁易购天猫旗舰店等相结合的线上线下融合的零售渠道，通过开放供应云、用户云、物流云、营销云，实现从线上到线下，从城市到县镇，从购物中心到社区全覆盖，为消费者提供家庭场景解决方案，满足消费者的生活所需。2022 年，苏宁易购再次入围 2022 年《财富》中国 500 强、2022 年中国民营企业 500 强、2022 年度中国品牌价值 500 强。

苏宁易购的 ESG 报告披露，报告期内，公司积极响应国家政策，服务社会需要，通过搭建全渠道平台帮助制造业和供应商降低流通成本、提升经营效率。公司坚持绿色运营与绿色办公，持续推动绿色采购和绿色物流，并打造绿色低碳数据中心，为促进经济可持续发展做贡献。此外，公司发挥渠道和供应链优势，推动特色农产品上行、品质工业品下行，助力乡村振兴和共同富裕。2022 年，公司利用自身资源，为各地筹措民生物资，贡献自身力量。

• 环境方面：产品方面，公司自营电器店年均每小时每百平方米用电量同比 2021 年降低 13.15%，并加大多种循环快递包装产品的投入，中转环节实现了循环周转箱和循环中转袋的全覆盖。公司致力于打造绿色门店，门店装修施工环节中使用环保型装修材料；门店的自动扶梯、中央空调等系统采用变频技术，减少能耗；店面的照明灯具全部使用低瓦数高亮效的 LED 灯，同时通过智能控制系统设定开启和关闭时间，结合店内的客流情况进行智能调节；店面的装饰和展台通过标准的统一实现现场拼装，优化筹建周期；店面装修材料提前生产备货，提高生产周转率；苏宁易购广场实现模块化设计、部分装配式建筑，减少现场施工及避免扬尘污染，降低能耗。此外，公司坚持绿色办公，苏宁易购总部纸张打印量同比 2021 年减少 17 万张，共使用电子签章签约 68.59 万次，同比 2021 年实现全年节水 32439 吨，节电 276.56 万度，相当于减少碳排放 2190.63 吨二氧化碳当量。

- 社会方面：2022 年公司召开职工代表大会 1 次，工会联络会 1 次，其间广泛征集员工意见，推动员工建设；截至 2022 年末，公司员工总数 35583 人，实现劳动合同签订率及社保覆盖率 100%，公司存续三期员工持股计划，第二期、第三期和第五期员工持股计划分别覆盖 1180 人、367 人和 1780 人。同时公司邀请玄武区红十字会急救培训中心专业老师开展“救护员”专场培训，持续普及急救知识，提升员工急救意识和急救能力。此外，公司全面升级“零售服务商”，通过零售云模式促进区县经济建设，并结合自身零售服务商优势带动就业超 5 万人，助力县镇实体零售业态升级。

- 治理方面：2022 年度公司共召开 2 次股东大会、8 次董事会会议、1 次董事会薪酬与考核委员会会议、5 次董事会审计委员会会议、5 次监事会会议，董事、监事、高级管理人员均按规定出席相关会议。截至 2022 年末，公司董事会共有 9 名董事，其中独立董事占 1/3，女性董事占 2/9；监事会共有 3 名监事，女性监事占 2/3；高管共有 7 名，女性高管占 1/7。公司根据《举报管理制度》建立多种举报途径，2022 年度公司接到举报线索 201 条，受理率 100%。此外，公司积极拓宽与投资者的沟通渠道，开放了投资者热线、董秘信箱、深交所互动易、股东大会、管理层交流会、在线及电话客服、“意见反馈”

在线收集平台等沟通方式，截至 2022 年末公司在深交所互动易平台回答在线提问超 13000 个。

二　中国企业披露 ESG 信息的未来趋势

（一）ESG 信息的可靠性、标准化趋势

根据气候变化信息披露标准委员会（CDSB）的统计，过去 25 年间，不同国家和地区陆续推出了 1000 多种 ESG 相关的报告披露要求和披露指引文件。在中国，环境监管部门、金融监管部门、交易所三类机构发布了 60 多个相关文件。这反映了全社会利益相关者，尤其是投资人越来越认可企业受益于 ESG 行动的价值观，也认可企业积极推动社会公共利益的成果。但是，包括中国在内的 ESG 披露标准和指引五花八门，统一的基础标准缺位的现实，也让更多的企业和相关利益者，感受到了极大的困扰。

2017 年，美国投资管理与研究协会（CFA）发布了一份对机构投资者的 ESG 问题调研①，投资者反馈，使用 ESG 信息数据遇到的主要困难包括缺少合适的定量信息（55%）、缺少跨公司可比性（50%）、数据质量低下或缺少认证（45%）。截至 2023 年末，6 年时间过去了，在这个关键问题上，中国和全球的进步空间都相当有限。2022 年，CFA 再次对全球机构投资者当前使用上市公司披露 ESG 指标的情况进行了投票②，结果显示，在帮助投资者筛选合适的投资标的、引导投资资金方面，当前 ESG 指标的价值仍然非常有限。高质量、可以被量化、标准化、在公司横截面维度和时间序列维度可比的 ESG 信息数据，实在是太少了。

未来 ESG 信息披露领域的趋势之一，就是形成更加高质量、标准化的披露数据。背后的驱动力主要是投资机构的实践需要。几乎所有的 ESG 投资机构，都会用到上市企业披露的 ESG 信息来进行投资决策。比如运用上市公司的碳足迹来看上市公司的气候风险管理指标，

---

① 资料来源：https：//www. cfainstitute. org/-/media/documents/survey/esg - survey - report-2017. ashx。

② 资料来源：https：//www. cfainstitute. org/-/media/documents/survey/cfa-esg-survey-web. pdf。

进入分析投资研究流程的碳指标如果不是标准化的，或者不具有时间、公司之间的可比性，那么基于碳信息的投资，在基础信息输入阶段，就呈现出了瑕疵。尽管可能后续有基于定性或者主观投资的判断，这类信息的缺失以及不可信数据，会让后续的研究和测算结果存在较大误差。

高质量、标准化的 ESG 信息使包括上市公司在内的利益相关方有可以明确作为参考的统一披露框架作为指导，从而采用标准化的指标来审视、测算相关行为。披露框架中所有指标，应有清晰的披露范围和透明的披露方法。上市公司遵从的披露方法，可以保证相关指标在时间上的一致性。当数据在不同时间点出现变化时，可以给出相关解释。

现在，多种 ESG 信息披露方法、指引和框架共存，并且仍然还在不断增加。对于投资机构，很多上市公司的行为在全球范围内可比。比如全球都普遍关注在投资组合中的气候风险事件成本，与之相关的成本价格提升、灾难成本提升等。还有比如社会问题，因为贫困和不平等待遇、社会动荡和政治不稳定导致的现金流波动风险等。在市场发展的需求下，全球 ESG 信息披露标准正在走向融合统一。GRI、SASB、CDSB、IIRC、CDP 五大权威报告框架和标准制定机构于 2020 年联合发布了携手制定企业综合报告的合作意向声明，共同致力于打造统一的报告体系，并于同年 12 月公布了气候相关的财务披露标准模型。2023 年 6 月，国际可持续发展准则理事会（ISSB）公布有史以来首套全球 ESG 报告标准，确保公司在同一报告包中同时提供可持续相关信息以及财务报表。ISSB 公布的信息披露标准有两项，分别为《可持续发展相关财务信息披露的一般要求》（IFRS S1）和《气候相关信息披露》（IFRS S2），两项准则都充分吸收了气候相关财务披露工作组（TCFD）推荐意见文件中的内容。通用要求部分指出，IFRS S1 要求在识别可合理预期影响主体前景的可持续发展相关风险和机遇时，应采用 ISDS 标准（IFRS 可持续披露标准）。除 ISDS 标准外，还应参考 SASB 准则；若 SASB 准则不适用，还可以参考 CDSB（气候披露标准委员会）分别关于水资源和生物多样性的披露框架。

不过在更加可靠、更加标准化的全球 ESG 信息披露基础标准成形的同时，一些区域和地区上可比、标准化的标准，更受投资人喜爱。比如 2022 年 CFA 对全球知名投资机构的调查显示，60%的投资人认可在地区层面由监管层或者市场制定统一的披露框架，另外有 13%的投资人认为需要给予不同市场披露框架一定的选择的自由度，只有 18%的投资人认可全球性的统一披露框架。

（二）定性描述与定量标准化融合：降低信息不对称

虽然 ESG 信息披露的整体趋势，是未来将形成地区级别的基准框架和要求，不断提升上市公司 ESG 数据的可靠性与标准化程度。但是，不是所有 ESG 指标和 ESG 行为，都可以被很好地定量化，也不是所有的 ESG 指标，在定量、可比维度下可以最高效地传递投资讯息。

ESG 行为既可以是定量的，也可以是定性的。比如社会责任维度的指标，这个议题非常多元，并且不太容易被量化。在中国披露实践中，定性披露率更高。中国沪深 300 成分股公司对环境信息的披露率高达 90%，但是对环境信息有定量指标的平均披露率仅为 36%。也就是说，中国的定性披露率高于定量披露率。

一方面，学者发现，定性描述信息可能存在“夸大其实”的问题，增加信息不对称。比如孙晓华等（2023）以中国市场 2012—2020 年发布企业社会责任报告的制造业上市公司为样本，从企业的描述中，构造出碳信息披露迎合指数，来识别企业向外界夸大碳减排信息以迎合“双碳”政策导向的行为。研究发现，上市公司碳信息披露过程中，定性和定量的描述，尤其定性描述存在迎合行为，企业有意寻求以低成本方式获得资本市场的高额回报，增加了信息不对称。

另一方面，产业界实践也表明，定量信息不是完美的。比如评级机构在对公司 ESG 行为进行审查、综合评级的过程中，发现投资者对 ESG 评分感到困惑。标普评级机构在 2023 年 8 月宣布不再和企业债务的信用评级一起发布 ESG 评分，因为投资者不能普遍理解 ESG 评分的评定基础和投资含义。再比如相对于量化的、直观的财务信息和 ESG 定量信息，隐藏在公司 ESG 行为描述中的定性内容可能是更为重要的投资决策信息。比如对食品安全方面的战略和业务的重视，是很重要的社会责任信息，可能影响公司发展，但不表现为任何定量指标。

在上市公司被要求披露更加高质量、更加标准化的 ESG 行为的大趋势下，尽管上市公司信息披露基准制度逐步建立，但定性、定量 ESG 信息的披露都同等重要。在未来，形成可以减少企业与资本市场 ESG 信息不对称和逆向选择问题的披露要求，推动第三方市场化机构在减少信息差方面的作用，既是市场 ESG 投资发展的需要，也是未来 ESG 信息披露领域进一步发展的趋势。

参考文献

高雨萌、石禹：《国内外主流 ESG 信息披露标准比较分析》，《冶金财会》，2022 年第 11 期。

刘江伟：《公司可持续性与 ESG 披露构建研究》，《东北大学学报》（社会科学版）2022 年第 5 期。

孙晓华等：《企业碳信息披露的迎合行为：识别、溢价损失与作用机制》，《中国工业经济》2023 年第 1 期。

Andres, G. J., "Business Involvement in Campaign Finance: Factors Influencing the Decision to Form a Corporate PAC", *Political Science & Politics*, Vol. 18, No. 2, 1985.

Ebaid, I. E. S., "Corporate Governance Mechanisms and Corporate Social Responsibility Disclosure: Evidence from an Emerging Market", *Journal of Global Responsibility*, Vol. 13, No. 4, 2022.

Giannarakis, G., "The Determinants Influencing the Extent of CSR Disclosure", *International Journal of Law and Management*, Vol. 56, No. 5, 2014.

KPMG, *Key Global Trends in Sustainability Reporting*, 2022, https://kpmg.com/xx/en/home/insights/2022/09/survey-of-sustainability-reporting-2022/global-trends.html.

Patten, D. M., "Exposure, Legitimacy, and Social Disclosure", *Journal of Accounting and Public Policy*, Vol. 10, No. 4, 1991.

第五章　中国的 ESG 评级体系

随着 ESG 理念的关注度不断上升，各类市场主体对 ESG 评价服务的需求日益增多。尤其是关注 ESG 的投资机构，一般会参考 ESG 评级机构所提供的信息，来进行投资决策。截至 2023 年 6 月，全球 5300 多家机构参与了 PRI 的签署，管理资金规模超过 100 万亿美元。如此庞大规模的投资基金，严重依赖于现有 ESG 评级体系。国际权威企业评级机构 SustainAbility 在 2023 年关于 ESG 评级机构的调查①中发现，ESG 评级是机构投资者衡量 ESG 绩效时最常参考的信息来源之一，69%的投资者表示至少每周使用一次 ESG 评级数据，只有 6%从不使用 ESG 评级数据。当公司的 ESG 评级发生变化时，投资机构会及时作出反应。例如，2022 年 8 月，晨星旗下 Sustainalytics 的 ESG 研究与评级公司将腾讯的 ESG 评级下调至“不符合”联合国原则类别后，逾 40 家欧洲 ESG 基金减持在港上市的腾讯股票，所涉及的腾讯股份总市值约 12 亿美元。

ESG 评级机构为特定主体 ESG 行为进行定量评分和评级，可以帮助外界投资者识别企业的 ESG 行为和潜在价值，缓解外界与企业之间的信息不对称，降低投资决策成本。ESG 评级一般依据事先制定的评级标准，根据企业 ESG 报告披露数据和公开渠道采集的数据，对企业环境（E）、社会（S）和治理（G）进行打分，然后给出综合的定量评分和评级结果。除定量结果外，部分评级机构还会给出具有针对性的主观评价，以弥补外界追踪企业 ESG 行为的信息差。

1983 年，全球第一家 ESG 评级机构 Eiris 在法国成立（Rau and

① 资料来源：https：//www. sustainability. com/globalassets/sustainability. com/thinking/pdfs/2023/rate-the-raters-report-april-2023. pdf。

Yu，2023）。国外有代表性的 ESG 评级机构包括明晟公司（MSCI）、标普全球评级公司（S&P Global Rating）、穆迪（Moody's）、富时罗素公司（FTSE Russell）、晨星公司（Morningstar）旗下的 Sustainalytics 等。根据 SustainAbility 于 2023 年的调研结果，在评级机构方面，投资者最熟悉的三个机构是 Sustainalytics、MSCI 和 CDP（英国碳信息披露项目），分别占 74%、64%和 64%。

而国内的评级机构处于"遍地开花"的快速发展期，包括本土评级机构（如商道融绿、社投盟）、学术组织（中央财经大学绿色金融国际研究院）、数据提供商（Wind）、指数公司（华证、中证）、金融机构（嘉实基金、中金公司）都纷纷提出了自己的 ESG 评级标准。建设一致、完善、高效的 ESG 评级体系对中国企业绿色发展、中国经济高质量发展至关重要。

第一节　中国的 ESG 评级体系发展概况

随着 ESG 理念成为广泛共识，中国投资机构对于投资标的的 ESG 因素越来越重视，资本市场更加重视以 ESG 指标来评价企业。但是，ESG 评价指标是大量的非财务指标，信息不对称程度较高（王凯和张志伟，2022），投资机构评价和衡量 ESG 存在很大困难，需要依赖专业评级机构来识别 ESG 行为和风险。在此背景下，为了顺应企业和资产管理机构的需求，中国的 ESG 评级体系也在不断进化。

ESG 评级环节主要包括标准制定、披露要求、数据采集、评分评级等，整个流程基本包括三个步骤：首先，评级机构参照国际组织/交易所等所公布的标准/指引事先制定评级体系；其次，评级机构收集数据，通过截取企业 ESG 报告的内容、分析公开信息或者向企业发放问卷的方式采集相关信息和数据；最后，评级机构给出评分和评级结果。除定量的评分和评级外，部分评级机构还会针对特定主体进行补充评价，为投资者提供综合性考量。

评级指标的丰富度与 ESG 理念和标准的升级息息相关。2017 年联合国契约组织联合 GRI 共同发布了《可持续发展目标企业报告》，报告中对联合国 17 个可持续发展目标（SDGs）、169 个具体目标提出了可以选择披露的所有定性、定量的数据项目。该报告为监管当局和企业提供了详尽的 ESG 披露清单，同时该报告也为 ESG 评级机构提供了更丰富的指标框架，有助于 ESG 评级体系的规范化和升级。

ESG 评级体系在中国资本市场上同样发挥着极其重要的作用。更高的 ESG 评级象征着上市公司经营稳健、治理规范，在长期内可能带来更好的经济回报与更强的风险抵抗能力。这也意味着将受到更多投资者的青睐：一方面，中国的投资机构发现投资标的的 ESG 表现直接影响自己投资组合的流动性、收益。拥有较高 ESG 标准的公司，其股票流动性更好，投资回报可能更高（张小溪和马宗明，2022）。另一方面，ESG 评级体系是一个有用的预警系统，可以帮助中国投资者进行风险管控，优化投资组合，降低自己的投资风险（刘磊，2022）。

目前，据和讯名家的统计，全球的 ESG 评级机构数量已超过 600 家。其中，较知名的国际 ESG 评级体系包括明晟系列指数 ESG 评级（MSCI）、汤森路透 ESG 评级（ESGC）、标普道琼斯 ESG 评级（DJSI）、碳信息披露项目（CDP）和 Sustainalytics。中国的 ESG 评级起步较晚，2015 年，商道融绿推出了中国最早的 ESG 评级体系和上市公司 ESG 数据库。此后，各机构陆续自行推出评级产品：2019 年 11 月，润灵的首版 ESG 评级框架发布；2020 年 10 月，中债估值中心开始试行中债 ESG 评价系列产品；2020 年 4 月，中证指数发布沪深 300 ESG 指数系列，同年 12 月发布 ESG 评价方法。总体上看，中国 ESG 评价体系的发展比国际知名评级机构晚了至少 20 年。

第二节　中国较有影响力的评级方法体系

在中国众多的 ESG 评级体系中，目前应用最广泛的是商道融绿 ESG 评级、华证 ESG 评级、Wind ESG 评级、摩根士丹利资本国际公司（MSCI）ESG 评级等 ESG 评级体系（见表 5-1）。

表 5-1　　四大 ESG 评级体系简介

	覆盖范围	ESG 评价体系构成	特点
MSCI ESG 评级	所有被纳入 MSCI 指数的上市公司	三大维度、10 个主题、33 个关键议题和上百个指标	每一个关键议题同时考虑公司 ESG 管理能力和风险敞口两个角度
商道融绿 ESG 评级	全部 A 股上市公司，港股通上市公司，中概股上市公司及重要发债主体	三大维度、14 个二级议题、200 多个具体指标	每一个议题的指标，同时考虑了 ESG 主动管理分数和 ESG 风险暴露分数这两个分类维度
Wind ESG 评级	全部 A 股上市公司，港股上市公司，除城投平台外所有发债主体	三大维度、27 个二级议题，300 多个具体评价指标	Wind ESG 综合得分由管理实践得分和争议事件得分构成。管理实践得分的权重占 70%，争议事件得分的权重占 30%
华证 ESG 评级	所有 A 股上市公司，近 700 家头部港股上市公司	三大维度、14 个二级指标、26 个三级指标和超过 130 个四级指标	单独开辟 ESG 尾部风险评价模块，未纳入 ESG 评级结果

例如，2015 年，商道融绿推出了我国首个 ESG 评级体系，覆盖全部中国境内上市公司、港股通中的香港上市公司，以及主要的债券发行主体。商道融绿的 ESG 评估数据被广泛应用于金融机构、企业、研究机构和公益组织等领域，是目前唯一被纳入彭博终端的中国大陆 ESG 数据供应商。

华证 ESG 评级作为中国最早的 ESG 评级机构之一，参考国际主流方法和实践经验，结合中国国情与资本市场特点，构建华证 ESG 评级体系。相较境外市场，华证 ESG 评级融入了更多贴合国内当前发展阶段的指标，如信息披露质量、证监会处罚、精准扶贫等。华证 ESG 评级最早可追溯至 2009 年，是目前国内市场上可回溯时间最长的 ESG 评级体系。

Wind 是中国最大的金融信息服务商之一，依托其自身强大的数据采集、分析及处理能力，构建了中国公司 ESG 评级体系。Wind ESG 评级能够做到企业公告、新闻舆论、监管处罚、法律诉讼等信息的每日监测，提供日频更新的 ESG 评级得分。

MSCI 是全球知名的投资索引、数据和分析公司，在 ESG 评级领域也进行了深耕。MSCI ESG 评级综合考虑了 ESG 因素对企业价值的长期影响，评估企业在 ESG 方面的表现，为投资者提供参考。MSCI ESG 评级在国际上广受认可，并得到了投资者的广泛应用和关注。

一　商道融绿 ESG 评级体系

北京商道融绿咨询有限公司（商道融绿）是一家投资咨询公司，由企业社会责任（CSR）和社会责任投资（SRI）专业咨询机构商道纵横发起创立，2019 年获得了国际评级机构穆迪公司 25.93%的股权投资。2015 年，商道融绿推出了中国首个 ESG 评级体系，这是目前我国大陆唯一被彭博数据终端采购的 ESG 数据供应商，产品体系包括基础 ESG 数据库、融绿 ESG 风险雷达系统、融绿 PANDA 碳中和数据、绿色金融政策数据库等。商道融绿的 ESG 评估数据被广泛应用于金融机构、企业、研究机构和公益组织等领域。

（一）评级原则

商道融绿 ESG 评级在参考国际通用 ESG 评估方法论的基础上，结合中国实际情况和市场因素，试图构建更适合 A 股的 ESG 评价体系。ESG 理念遵循“双重重要性”（Double Materiality）原则，既关注财务重要性（ESG 对企业价值创造的影响），也关注影响重要性（企业经营对环境、社会和人类可持续发展的影响）。从评级构建的方法论来看，商道融绿 ESG 评级侧重影响重要性原则，从公司 ESG 管理水平以及 ESG 风险暴露大小的角度，衡量公司可持续发展的能力。

（二）数据来源

商道融绿 ESG 评级采集数据的渠道主要包括企业公开披露数据、监管数据、媒体数据、宏观数据、地理数据、卫星数据等。商道融绿 ESG 评级指标体系包括 700 多个数据点。所谓“数据点”一般指具有特定含义的数据值，是一个数据集合中的基本单位。在 ESG 评级中，一个数据点通常指一个特定的细分指标。例如，环境维度中的二氧化碳排放量，社会维度中的员工福利指标，治理维度中的独立董事占比等。公司的正面 ESG 信息主要来自公司自主披露，如上市公司年报、

ESG 可持续发展报告、社会责任报告、环境报告、公司公告、企业官网等；而负面 ESG 信息主要来自公司自主披露、媒体数据、监管部门公告、社会组织调查等。

（三）指标体系设计

商道融绿 ESG 评级指标体系包括环境（E）、社会（S）、公司治理（G）[①] 三大维度，下设 14 个二级分类核心议题，基于 700 多个数据点，构建了 200 余个具体指标（见表 5-2 和表 5-3）。

表 5-2　　商道融绿 ESG 评级框架

<table>
<tr><td rowspan="5">评级结果</td><td colspan="6">ESG 评级（A+—D）</td></tr>
<tr><td colspan="6">ESG 评级得分（0—100 分）</td></tr>
<tr><td colspan="3">ESG 主动管理</td><td colspan="3">ESG 风险暴露</td></tr>
<tr><td colspan="2">环境（E）</td><td colspan="2">社会（S）</td><td colspan="2">公司治理（G）</td></tr>
<tr><td>环境管理</td><td>环境风险</td><td>社会管理</td><td>社会风险</td><td>治理管理</td><td>治理风险</td></tr>
<tr><td rowspan="12">实质性议题</td><td colspan="2">环境政策</td><td colspan="2">员工发展</td><td colspan="2">治理结构</td></tr>
<tr><td>管理</td><td>风险</td><td>管理</td><td>风险</td><td>管理</td><td>风险</td></tr>
<tr><td colspan="2">能源与资源消耗</td><td colspan="2">供应链管理</td><td colspan="2">商业道德</td></tr>
<tr><td>管理</td><td>风险</td><td>管理</td><td>风险</td><td>管理</td><td>风险</td></tr>
<tr><td colspan="2">污染物排放</td><td colspan="2">客户权益</td><td colspan="2">合规管理</td></tr>
<tr><td>管理</td><td>风险</td><td>管理</td><td>风险</td><td>管理</td><td>风险</td></tr>
<tr><td colspan="2">应对气候变化</td><td colspan="2">产品管理</td><td colspan="2" rowspan="6"></td></tr>
<tr><td>管理</td><td>风险</td><td>管理</td><td>风险</td></tr>
<tr><td colspan="2">生物多样性</td><td colspan="2">数据安全</td></tr>
<tr><td>管理</td><td>风险</td><td>管理</td><td>风险</td></tr>
<tr><td colspan="2" rowspan="2"></td><td colspan="2">社区</td></tr>
<tr><td>管理</td><td>风险</td></tr>
<tr><td rowspan="2">指标表现</td><td colspan="6">51 个行业模型</td></tr>
<tr><td colspan="6">200+个 ESG 指标涵盖通用指标和行业指标</td></tr>
<tr><td rowspan="2">底层数据</td><td colspan="6">700+个 ESG 数据点</td></tr>
<tr><td>披露数据</td><td>监管数据</td><td>媒体数据</td><td>宏观数据</td><td>地理数据</td><td>卫星数据</td></tr>
</table>

① 不同评级机构对“治理”（G）的表述有所不同，这里用“公司治理”。

表 5-3 **商道融绿 ESG 指标示例**

	ESG 议题	ESG 通用指标示例	ESG 行业指标示例	
			采矿业	农林牧渔
环境（E）	E1 环境政策	环境管理体系、环境管理目标、节能和节水政策、绿色采购政策等	采区回采等	可持续农（渔）业等
	E2 能源与资源消耗	能源消耗、节能、节水、能源使用监控等	—	—
	E3 污染物排放	污水排放、废气排放、固体废弃物排放等	废弃物综合利用率等	污染物排放监控等
	E4 应对气候变化	温室气体排放、碳强度、气候变化管理体系等	—	—
	E5 生物多样性	生物多样性保护目标与措施等	生态恢复措施等	珍稀动物使用等
社会（S）	S1 员工发展	员工发展、劳动安全、员工权益等	职业健康安全管理体系等	职业健康安全管理体系等
	S2 供应链管理	供应链责任管理、供应链监督体系等	—	—
	S3 客户权益	客户管理关系、客户信息保密等	—	可持续消费等
	S4 产品管理	质量管理体系认证、产品/服务质量管理等	—	—
	S5 数据安全	数据安全管理政策等	—	—
	S6 社区	促进社区就业、捐赠等	社区健康与安全等	社区沟通等
公司治理（G）	G1 治理结构	信息披露、董事会独立性、高管薪酬、审计独立性等	—	—
	G2 商业道德	反腐败与贿赂、举报制度、纳税透明度	—	—
	G3 合规管理	合规管理、风险管理等	—	—

——环境（E）维度：包括环境政策、能源与资源消耗、污染物排放、应对气候变化、生物多样性 5 个议题；

——社会（S）维度：包括员工发展、供应链管理、客户权益、产品管理、数据安全、社区 6 个议题；

——公司治理（G）维度：包括治理结构、商业道德、合规管理 3 个议题。

商道融绿 ESG 指标体系中，很重要的一点是，每一个议题的指标，均同时考虑了 ESG 主动管理分数和 ESG 风险暴露分数这两个分类维度，其中，前者指的是企业在环境、社会和公司治理方面的管理能力得分，而后者则是评估企业在环境、社会和公司治理三个维度的风险暴露情况。这样的分类方式能够为投资者提供更准确的 ESG 信息。ESG 主动管理分数由环境、社会、治理管理指标加权得到。分数越高，ESG 主动管理表现越好。而商道融绿 ESG 风险暴露评估主要步骤如下：①收集 ESG 风险事件数据并对每项事件进行风险级别评估；②确定行业 ESG 基准风险；③确定企业 ESG 风险调整乘数（Beta）；④根据 ESG 风险事件，以及行业基准风险和 Beta 乘数，对 ESG 风险指标进行评估打分，并加权计算获得企业 ESG 风险暴露分数。

此外，商道融绿区分了 18 个一级行业，部分行业的环境、社会维度细分领域指标是行业特有指标。比如对于农林牧渔行业，行业指标还包括污染物排放检测、珍稀动物使用等；对于化工行业，行业指标还包括废水排放情况、废气排放情况、工艺改善措施等；对于电力行业，则涉及新能源占比、供能效率、沙尘暴等问题；对于汽车行业，则会关注废气排放、机动车安全等方面的问题。

（四）权重选择

商道融绿的 ESG 评分方法。首先，根据公司的一级行业特性，商道融绿赋予不同行业在环境、社会、公司治理三个不同维度的权重。具体地，商道融绿根据不同子行业在不同议题上的实质性行动，使用熵值法设置子行业的指标与权重体系，使评级结果在不同行业之间具备可比性。具体地，商道融绿会根据不同行业的特点，确定针对具体问题的评估指标集合，运用主观订正等方式确定各指标之间的相对重要性，计算指标的熵值，并将指标熵值转化成权重值，形成权重分配矩阵，从而计算出各行业不同维度的权重值。同时，商道融绿的权重计算方法是动态调整的，可以根据市场需求和行业变化进行更新。

商道融绿对具体指标层进行了主动管理指标和风险暴露指标的分类，因此可分别计算不同议题下的主动管理分数和风险暴露分数，所有指标赋分范围为 0—100 分。对照评估标准，指标越贴近评估标准的 ESG 行为，越能获得较高分数。公司 ESG 总评分简要公式：

ESG 总评分=ESG 主动管理总得分+ESG 风险暴露总得分= $\sum$ 各维度主动管理得分+ $\sum$ 各维度风险暴露得分。

（五）评级结果

根据 ESG 评级分数，商道融绿将所有样本公司划分为 10 级：A+、A、A-、B+、B、B-、C+、C、C-和 D（见表 5-4）。

表 5-4　　商道融绿 ESG 评级结果分类

级别	描述
A+　A	企业具有优秀的 ESG 综合管理水平，过去三年几乎未出现 ESG 风险事件，或仅出现个别轻微风险事件。总体表现稳健
A-　B+	企业 ESG 综合管理水平良好，过去三年出现过少数轻微影响的 ESG 风险事件。ESG 风险较低
B　B-　C+	企业 ESG 综合管理水平一般，过去三年出现过一些中等影响的 ESG 风险事件，或少数较严重的风险事件。尚未构成系统性 ESG 风险
C　C-	企业 ESG 综合管理水平薄弱，过去三年出现过较多中等影响的 ESG 风险事件，或一些较严重的风险事件。ESG 风险较高
D	企业近期出现了重大的 ESG 风险事件，对企业有重大的负面影响，已暴露出很高的 ESG 风险

截至 2023 年 12 月，商道融绿 ESG 评级已经覆盖 4800 多家 A 股上市公司，占全部上市公司的 90%以上。整体来看，80%的公司的商道融绿 ESG 评级集中在 B、B-、B+级；尚无处于最佳等级 A+的公司，而 A 等级公司也仅有两家，ESG 评级最低的 D、C-等级也空缺，而 C 等级公司有 16 家（见图 5-1）。

从历史变化来看，2021 年之前，商道融绿 ESG 评级仅覆盖 1000 多家 A 股上市公司，2022—2023 年，覆盖面上升至 4000 多家公司，而且整体来看，商道融绿 ESG 评级呈上升状态，尤其是，A-级及以上

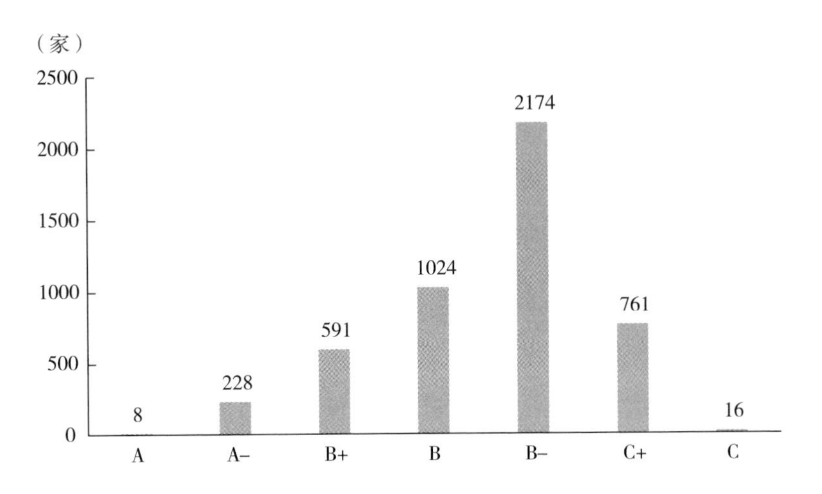

图 5-1　2023 年商道融绿 ESG 评级分布

公司所占比例持续上升。2020 年，A 级公司空缺，A-级公司仅有 15 家，占总样本的 1.5%，而到 2023 年，A 级公司有 8 家，A-级公司有 228 家，A-及以上公司占总样本比例上升至 4.9%（见图 5-2）。

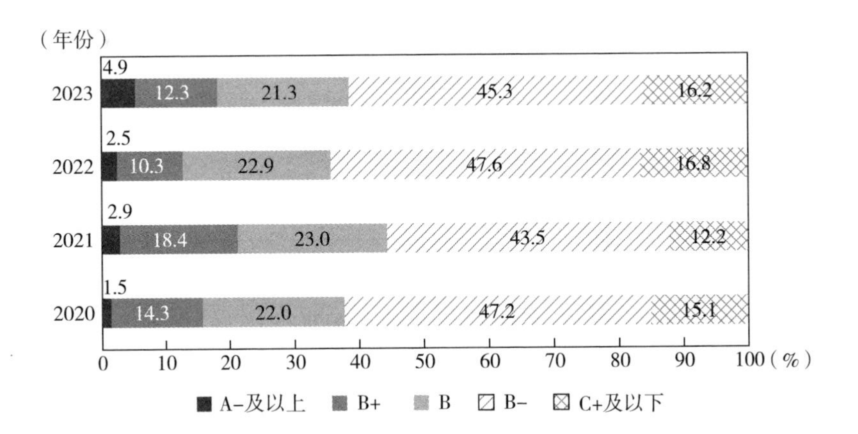

图 5-2　2020—2023 年商道融绿 ESG 评级分布比例

注：因四舍五入，百分比之和可能不为 100%，下同。

分行业来看，金融行业的 ESG 评级普遍较高，这说明，金融行业对 ESG 的认知水平和行动在上市公司中处于较高水平。此外，电力、热力、燃气及水生产和供应业，水利、环境和公共设施管理业，交通运输、仓储和邮政业这些与基础设施相关的行业，ESG 评级水平也相对较高（见图 5-3）。

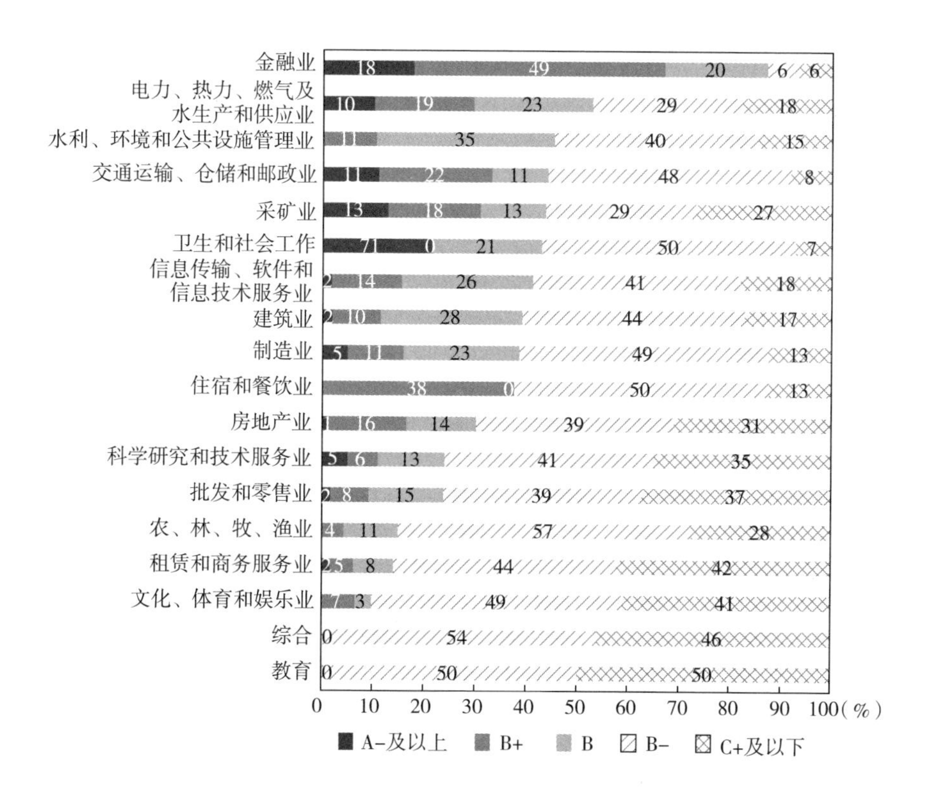

图 5-3　2023 年商道融绿 ESG 评级：各行业分布

二　Wind ESG 评级体系

万得信息技术股份有限公司（以下简称 Wind）是中国大陆领先的金融软件服务企业。自 2018 年起，Wind 开始对 ESG 标准及框架进行研究，2021 年基于 20 年的数据处理分析经验和对国内外 ESG 标准的深度研究，正式推出 Wind ESG 评级，覆盖中证 800 指数成分股。2022 年，Wind ESG 评级已覆盖全部 A 股、港股上市公司，同年发布发债主体 ESG 数据库（覆盖公募信用债发债主体）、基金 ESG 评级（覆盖公募基金）、碳排放数据库（覆盖全部 A 股上市公司）等产品。

（一）评级原则

Wind ESG 评价体系由管理实践评分和争议事件评分两部分组成，综合反映企业的 ESG 管理实践水平以及重大突发风险。根据公司所属行业具有的 ESG 风险与机遇，以及相对于同行的绩效表现，Wind ESG 评级按照分值区间给公司评为 AAA 到 CCC 的评级结果（见图 5-4）。

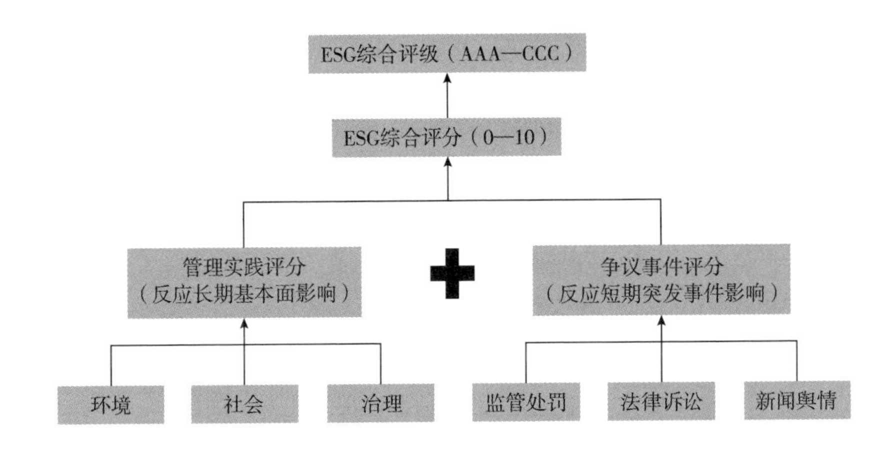

图 5-4　Wind ESG 评级框架

（二）数据来源

Wind ESG 评级的采集数据渠道主要包括企业公开披露数据、监管数据、媒体及互联网数据、行业协会数据等来源。具体来看，在企业公开披露数据方面，Wind ESG 数据库采用了上市公司披露的年报、可持续发展报告、社会责任报告；监管数据方面，包含来自 13000 余家政府及监管部门的数据；媒体及互联网数据方面，整合了来自 8000 余家新闻媒体以及网络舆情的信息源；行业协会数据方面，涵盖了来自 800 余家行业协会以及非政府组织的信息源。Wind 从 2018 年开始对 ESG 相关标准及框架进行研究，并在同年 1 月推出了针对 2017 年第四季度的 Wind ESG 评级。此外，Wind ESG 评级还使用了 AI 与大数据等计算机技术来进行相关信息的识别、采集、分析工作，进行人工校验等环节来保证数据的准确性。

（三）指标体系设计

Wind ESG 评级侧重于从财务重要性角度来评估企业 ESG。从其评级结构来看，主要分为管理实践评分与争议事件评分两方面。管理实践评分是指对企业的 ESG 管理实践与绩效水平进行评价，通过分析得出 ESG 对于企业基本面的长期影响。而争议事件评分主要是评估短期内所发生的争议事件所带来的影响。此外，Wind ESG 评级通过识别上市公司的运营地点以及当地的地理环境情况来识别企业的运营风险，评估企业的环境风险暴露等级，对企业 ESG 风险的评估进行一定补充。

Wind ESG 评级的指标同样由三大维度、22 个二级议题，超过 300 个具体评价指标以及 1000 多个数据点构成。Wind ESG 的评级指标体系遵循了环境、社会、治理三个维度（见表 5-5）：

——环境（E）维度：包括环境管理、能源与气候变化、水资源、原材料与废弃物、生物多样性、绿色金融等 9 项议题；

——社会（S）维度：包括雇佣、职业健康与安全生产、发展与培训、研发与创新、供应链、产品质量等 11 项议题；

——治理（G）维度：包括公司治理与商业道德 2 个议题。其中公司治理议题包括 ESG 治理、董监高、股权与股东、审计与业务连续性管理 5 个三级议题，商业道德议题包括贪污腐败、反垄断与公平竞争 2 个三级议题。

（四）权重设置

在权重划分方面，Wind ESG 评级更加侧重于从行业的角度进行划分。Wind ESG 评级具有 62 套带有行业属性的指标体系与权重矩阵。具体来看，其按照 62 个三级行业分类标准，根据行业的 ESG 实质性风险、行业政策以及各个行业的 ESG 历史信息披露相关信息，以及 ESG 争议事件的数据情况进行分析，对所属各个行业的企业的 ESG 评价选取相应的指标体系及权重。

Wind ESG 评级在各行业不同维度下所设置的权重大小存在差异。总体来看，相比于环境维度，其对治理与社会维度的重视程度相对较高。具体来看，各行业环境维度所赋权重范围在 5.5%—40%，社会维度权重赋值范围在 21%—56%，治理维度权重赋值范围在 34%—50%。从数据来看，与 MSCI ESG 评级相似，所有行业的企业的 ESG 评级在治理维度上的权重均大于 33%，环境维度所赋权重范围的总体数值小于其他两个维度。

表 5-5　　Wind ESG 评级框架

管理实践评估									争议事件评估		
3 大维度	环境			社会			治理				
22 个议题	环境管理	能源与气候变化	废气	雇佣	发展与培训	职业健康与安全生产	公司治理	商业道德	新闻舆情	监管处罚	法律诉讼
	原材料与废弃物	废水	水资源	可持续产品	研发与创新	供应链					
	生物多样性	绿色建造	绿色金融	客户	信息安全与隐私保护	社区					
				医疗可及性	产品质量						
2000+ 数据点	环保总投入 清洁能源/可再生能源使用 识别与应对气候变化风险和机遇 范畴一、二、三温室气体排放 原材料与包装材料管理体系与制度 生物栖息地保护 ……			反歧视与多元化管理体系与制度 员工满意度调查、 产品召回程序 研发员工比例 帮扶脱贫人口数量 保障信息安全与隐私保护的措施 ……			董监高离职率 女性董事占比 检举者保护机制 反垄断与公平竞争培训 重大事件应对 ……		固体废弃物污染 安全事故 强迫劳动罪 高管异动 侵权责任纠纷 ……		

Wind ESG 综合评分由管理实践评分和争议事件评分构成。同时考虑了 ESG 长期对基本面的影响以及短期内发生突发事件所造成的影响，综合评分为管理实践评分与争议事件评分的加权求和。其中，管理实践评分的权重占 70%，争议事件评分的权重占 30%，评分范围为

0—10 分。管理实践评分又由环境、社会和治理三个维度各自的管理实践评分加权求和得到，这三个维度的评分又由各个维度下所包含的议题评分加权求和得到，不同议题评分由各项细分指标评分计算而得。争议事件评分由对环境、社会、治理维度下的监管处罚事件、法律诉讼事件、新闻舆情事件三类争议事件的扣分加权得到总扣分，再通过在总分的基础上扣减而得。

总的来说，Wind ESG 综合评分的计算方法如下：

Wind ESG 综合评分=管理实践评分+争议事件评分。

其中，管理实践评分=70%×［∑（各维度管理实践评分×各维度权重）］，而各维度管理实践评分=∑（各议题评分×各议题权重）。不同维度、不同议题的管理实践评分范围均为 0—10 分。而争议事件评分=30%×［10 分-∑（各争议事件扣分×各争议事件权重）］。

管理实践评分一般是按季度进行更新，而争议事件评分在发生争议事件后即会进行更新。

（五）评级结果

根据 ESG 评级分数，Wind 将所有样本公司划分为 7 级：AAA、AA、A、BBB、BB、B、CCC（见表 5-6）。

表 5-6　Wind ESG 评级结果

Wind ESG 评级	Wind ESG 综合得分	Wind ESG 评级含义
AAA	［9，10］	企业管理水平很高，ESG 风险很低，可持续发展能力很强
AA	［8，9）	企业管理水平高，ESG 风险低，可持续发展能力强
A	［7，8）	企业管理水平较高，ESG 风险较低，可持续发展能力较强
BBB	［6，7）	企业管理水平一般，ESG 风险一般，可持续发展能力一般
BB	［5，6）	企业管理水平较低，ESG 风险较高，可持续发展能力较弱

续表

Wind ESG 评级	Wind ESG 综合得分	Wind ESG 评级含义
B	[4，5)	企业管理水平低，ESG 风险高，可持续发展能力弱
CCC	[0，4)	企业管理水平很低，ESG 风险很高，可持续发展能力很弱

截至 2023 年 12 月，Wind ESG 评级已经覆盖 5100 多家 A 股上市公司，占全部上市公司的 95%以上。整体来看，90%的公司的 Wind ESG 评级集中在 A、BBB、B 级；而 AAA 等级公司仅有两家（中国移动、海尔生物），ESG 评级最低的 CCC 等级公司有 15 家，包括首开股份、ST 鹏博士等。

从历史变化来看，整体 A 股公司 Wind ESG 评级呈波动状态，评级处于最差等级的公司比例呈现降低趋势，CCC 等级公司从 2020 年的占比 0.73%下降到 2023 年的 0.29%，B 等级公司从 2020 年的 10.37%下降到 8.33%。从不同年份来看，2021 年 A 股公司的 Wind ESG 评级普遍偏高，A 等级及以上评级公司占比达到 13.11%，比 2023 年占比高 1.43 个百分点（见图 5-5）。

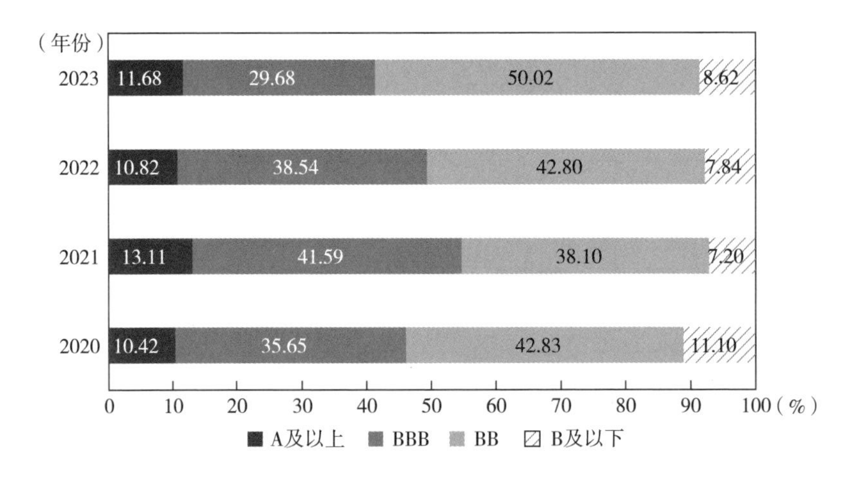

图 5-5　Wind ESG 评级：历年分布

三 华证 ESG 评级体系

上海华证指数信息服务有限公司（以下简称华证）成立于 2017 年 9 月，是一家专业的指数及指数服务公司。2022 年 1 月 25 日，华证指数正式成为联合国责任投资原则组织（United Nations Principles for Responsible Investment，UN PRI）的签约方。2019 年 11 月同花顺 iFind 纳入华证 ESG 评级，2020 年 4 月 Wind 金融终端正式上线华证 ESG 评级。

（一）评级原则

华证指数结合国际主流 ESG 评估框架，考虑中国特色及具体实践经验，并吸收外部市场专家的意见，制定了华证 ESG 评价方法论。华证 ESG 评级分为具体的 ESG 评级结果和 ESG 尾部风险情况两个部分。也就是说，华证指数在评级基础上进一步考虑了 ESG 负面事件的影响大小，与商道融绿 ESG 评级、Wind ESG 评级以及 MSCI 评级不同，该部分并未纳入 ESG 评级结果，而是单独开辟 ESG 尾部风险评价模块，从违法违规、负面经营事件、大股东行为、过度扩张、财务造假 5 个维度出发，对应 11 个 ESG 指标，对上市公司的 ESG 尾部风险进行季度跟踪、评估与预警，以帮助投资者甄别出具有潜在“爆雷”风险的企业。

（二）数据来源

华证 ESG 评级底层数据中大部分来自企业披露。华证 ESG 评级的数据来源，55%来自公司定期报告与临时公告，主要涉及资产质量、关联交易等数据；23%来自企业披露的社会责任报告等，主要涉及披露污染排放等环境议题、扶贫等社会议题数据；12%来自新闻媒体，对上市公司正负面事件进行跟踪；10%来自国家及地方监管部门，比如上市公司违法违规的公告。技术上，华证 ESG 评级使用了 AI、网络爬虫、语义分析、命名实体识别、集成分析等技术，集成传统数据与另类数据，构建了 ESG 标准化数据平台，覆盖了 2009 年以来 A 股上市公司及债券主体评级数据。

（三）指标体系设计

华证公司的 ESG 评级指标体系主要由环境（E）、社会（S）、治理（G）3 个维度，14 个二级指标，26 个三级指标和超过 130 个四级数据指标组成。

这样细分有助于更加全面地评估公司在不同方面的 ESG 表现。

在环境维度，主要衡量企业在给定环境风险敞口下为减小企业经营对环境不利影响所做的努力及取得的成效。企业环境绩效主要涉及两个层面：一是环境风险暴露，主要是指行业整体运营特性导致企业面临的环境风险；二是环境风险管理能力，主要是指企业应对环境风险采取的措施和相应的表现。华证指数的环境评价指标包括了气候变化、资源利用、环境污染、环境友好和环境管理五个主题（见表 5-7）。

表 5-7　　华证 ESG 评级体系指标框架

三大支柱	16 个主题	44 个关键指标
环境（E）	气候变化	温室气体排放，碳减排路线，应对气候变化，海绵城市，绿色金融
	资源利用	土地利用及生物多样性，水资源消耗，材料消耗
	环境污染	工业排放，有害垃圾，电子垃圾
	环境友好	可再生能源，绿色建筑，绿色工厂
	环境管理	可持续认证，供应链管理-E，环保处罚
社会（S）	人力资本	员工健康与安全，员工激励与发展，员工关系
	产品责任	品质认证，召回，投诉
	供应链	供应商风险和管理，供应链关系
	社会贡献	普惠，社区投资，就业，科技创新
	数据安全与隐私	数据安全与隐私
公司治理（G）	股东权益	股东权益保护
	治理结构	ESG 治理，风险控制，董事会结构，管理层稳定性
	信披质量	ESG 外部鉴证，信息披露可信度
	治理风险	大股东行为，偿债能力，法律诉讼，税收透明度
	外部处分	外部处分
	商业道德	商业道德，反贪污和贿赂

在社会维度，主要衡量企业对员工、客户、社区、乡村振兴及其

他利益相关方等主体所承担社会责任的履行情况。华证指数的社会责任评价指标包括了人力资本、产品责任、供应链、社会贡献和数据安全与隐私五个主题。

在治理维度，主要衡量企业决策机制和制衡机制对其可持续经营的影响，其内涵包含两个层面：一是企业经营决策的主要参与者之间责任和权利分配，是指由公司股东、董事会和管理人员三者组成的特有组织结构；二是协调企业与所有利益相关者之间利益关系的机制，主要包括保护股东权利、优化董事会结构及功能、完善信息披露等方面的制度安排。华证指数的公司治理评价指标包括股东权益、治理结构、信披质量、治理风险、外部处分和商业道德六个主题。

相对于商道融绿，华证设置的二级指标稍少，但其下的三级、四级指标数量更多。每个指标都有其独特的权重，体现了其在评分体系中所占的重要性。如环境维度下的碳排放指标，进一步细分为三级指标，如 CO_2 排放强度、能耗强度和非二氧化碳排放强度，最后划分为 129 个四级数据指标，如汽车生产油耗、发电平均减排水平等。

（四）权重设置

华证指数在理论分析的基础上，借鉴国际机构的经验做法，以均衡、适用原则设置各指标议题的权重，并综合考虑各指标对每个 GICS 三级行业的影响程度和影响时间，按行业属性分别对三级指标议题设置权重：

首先，判断每个行业的核心议题指标。华证的 ESG 指标的选择基于多个因素考虑，选择国内 ESG 信息披露程度较高的指标，根据行业商业模式选择适用行业的评价指标，根据投资绩效回测选择预测力好的 ESG 指标。另外，华证 ESG 评级指标还纳入了很多贴合国内社会经济发展的指标，如信息披露质量、证监会处罚、乡村振兴等。其次，对每个议题指标对该行业的影响程度和影响时间进行判断。最后，根据各指标在影响程度高低和影响时间的长短进行赋值。赋值的原则为影响程度高的权重更高，影响时间短的权重更高。对于不是该行业的核心议题指标，不考虑其影响时间的长短，权重直接设置为 0。

在加总评级分数时，华证 ESG 评级的做法如下：

首先，各维度指标分数的加权平均值构成了总评级分数。其次，对各维度和各级指标的分值进行标准化处理，以保证评分的可比性。具体来说，标准化处理包括最大值归一法、Z-score 标准化法等，将不同指标的数值标准化到 0—100 的范围内，以便进行加权平均值计算。此外，华证公司采用相对排名法对企业进行评级，也就是说，将企业的得分和各行业、市场平均水平等进行对比，从而确定其在该范围内的排名和评级。最后，华证 ESG 评级可能还会基于定量模型和机器学习等方法对企业的 ESG 表现进行预测和分析，可以帮助确定企业的 ESG 评级分数，并提供更具有前瞻性的 ESG 评价信息。

（五）评级结果

华证 ESG 评级给予被评主体“AAA—C”九档评级（见表 5-8），ESG 总分、一级指标、二级指标、三级指标得分均在 0—100 分，得分越高，说明被评主体在该指标上的表现越好。

表 5-8　　华证 ESG 评级结果

ESG 评级	ESG 得分
AAA	得分≥95
AA	90≤得分<95
A	85≤得分<90
BBB	80≤得分<85
BB	75≤得分<80
B	70≤得分<75
CCC	65≤得分<70
CC	60≤得分<65
C	得分<60

截至 2023 年 12 月，华证 ESG 评级已经覆盖全部 A 股上市公司，整体来看，85%的公司的华证 ESG 评级集中在 B 级、BB 级、BBB 级，处于最佳等级 AA、最差等级 CC 的公司较少，分别仅有 1 家（迈瑞医疗）、82 家（见图 5-6）。

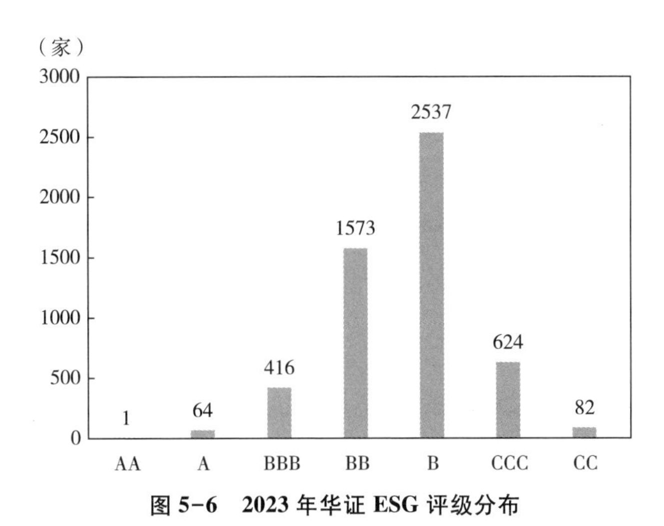

图 5-6　2023 年华证 ESG 评级分布

从历史变化来看，整体 A 股公司的华证 ESG 评级呈上升趋势（见图 5-7），BBB 及以上等级公司从 2020 年的占比 1.9%上升到 2023 年的 9.1%，CCC 及以下等级公司从 2020 年的 20.1%下降到 13.3%。

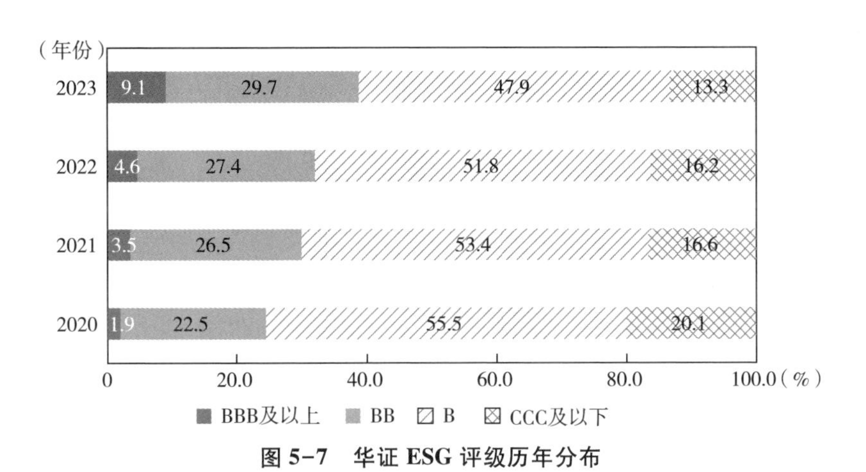

图 5-7　华证 ESG 评级历年分布

四　MSCI ESG 评级体系

MSCI，就是“Morgan Stanley Capital International”（摩根士丹利资本国际公司）的缩写，成立于 1975 年，是摩根士丹利旗下的全球领先的投资管理公司，旗下的各类基金和投资产品被投资者广泛持有和使用。MSCI在全球各地设有多个办事处和团队，为投资者提供全球化的投资服务。

MSCI ESG评级体系是全球ESG评价的重要标准之一。2018年，MSCI宣布将中国A股纳入其新兴市场指数，让中国企业进一步迈向国际市场。此举促进了MSCI ESG评级在中国市场的普及和应用。MSCI ESG评级体系的广泛应用可以帮助国际投资者更好地了解中国企业在ESG方面的表现，也可以帮助中国企业定位自身的ESG水平在国际同行中的相对位置。

（一）数据来源

MSCI ESG评分的数据获取主要来源于三个渠道：一是学术、政府、NGO组织的数据；二是公司公开披露的信息，包括可持续发展/ESG/CSR报告、公司官网等；三是MSCI设有正式的企业沟通渠道，企业可以积极与MSCI针对ESG评级结果进行沟通。

（二）指标体系

MSCI ESG评级指标体系（见表5-9）主要由三大范畴（Pillars）、10个主题（Themes）、33个ESG关键议题（ESG Key Issues）和上百个指标组成。

表5-9　　MSCI ESG评级指标体系

三大范畴	10个主题	33个ESG关键议题
环境	气候变化	碳排放
		气候变化脆弱性
		影响环境的融资
		产品碳足迹
	自然资本	生物多样性与土地利用
		原材料采购
		水资源短缺
	污染与废弃物	电子废弃物
		包装物料和废弃物
		有害排放和废弃物

续表

三大范畴	10 个主题	33 个 ESG 关键议题
环境	环境机遇	清洁技术机遇
		绿色建筑机遇
		可再生能源机会
社会	人力资本	员工健康与安全
		人力资本开发
		劳工管理
		供应链劳工标准
	产品责任	化学安全性
		消费者金融保护
		隐私与数据安全
		产品安全与质量
		负责任投资
	利益相关方异议	社区关系
		争议性采购
	社会机遇	融资可得性
		医疗保健服务可得性
		营养和健康领域的机会
治理	公司治理	董事会
		薪酬
		所有权和控股权
		会计
	公司行为	商业道德
		税务透明度

三大范畴：MSCI 将 ESG 评价的重点分为三个范畴：环境（Environment）、社会（Social）以及治理（Governance）。这三个范畴涵盖了企业在 ESG 三个关键方面的表现情况，对企业 ESG 评价具有决定性意义。其中，环境包括气候变化、自然资本和污染等问题；社会包括员工管理、投资人关系和社区关系等问题；治理则包括公司治理、薪酬和董事会构成等问题。

10 个主题：在三大范畴下，MSCI 打造了包括气候变化、人力资本、公司治理等在内的 10 个主题，对企业进行评分。

33 个 ESG 关键议题：包括空气质量、物种保护、劳工权利、反腐败、董事长的角色、疏漏和事故等问题。这些议题在特定行业中也有所不同，但都是评估企业 ESG 表现的重要组成部分。

环境、社会和治理方面的风险和机遇是由大环境趋势（如气候变化、资源稀缺、人口变化）以及公司运营性质等因素共同影响。同一行业的公司通常面临相同的主要风险和机遇。因此，MSCI ESG 评级非常强调行业内比较。不同行业选择不同的关键议题进行打分，并对各个议题从上市公司的风险暴露和风险管理两方面，在 0—10 的范围内打分（见图 5-8）。

在环境和社会范畴，各行业公司采用的关键议题有所不同，MSCI 根据每个行业的公司的业务活动来选择议题。例如，材料、化石能源、航空等行业有比较严重碳排放问题，因此碳排放会被设为关键议题；而教育服务、医疗服务等行业的碳排放问题，则不被设为关键议题。

不过，在治理范畴，各行业公司采用通用的指标，即公司治理（包括所有权和控制权、董事会、薪酬和会计）和公司行为（包括商业道德和税务透明度）主题中的关键指标。

这 33 个关键议题又可分为公司 ESG 管理能力和风险敞口两个角度。其中管理能力主要考察公司战略和业绩表现，如果出现争议事件将扣除相应分数；风险敞口主要考虑公司的客观业务特征，例如核心产品特点、运营地点、生产是否外包等。公司的管理能力越强、风险敞口越小，得到的分数就越高，反之越低。

综合 ESG 管理能力和风险敞口两方面，MSCI 给出各个关键议题分数。为了避免公司仅仅因为对关键议题的暴露程度低而获得非常高的总体关键议题得分，MSCI 的评级模型制定了一个最低管理阈值，使得风险敞口分数小于 2 时，关键议题分数不过高。而在风险敞口水平非常高的情况下，一家公司能够获得的最高关键议题得分低于 10 分，这表明无论一家公司采取何种行动来降低风险，一定程度的风险

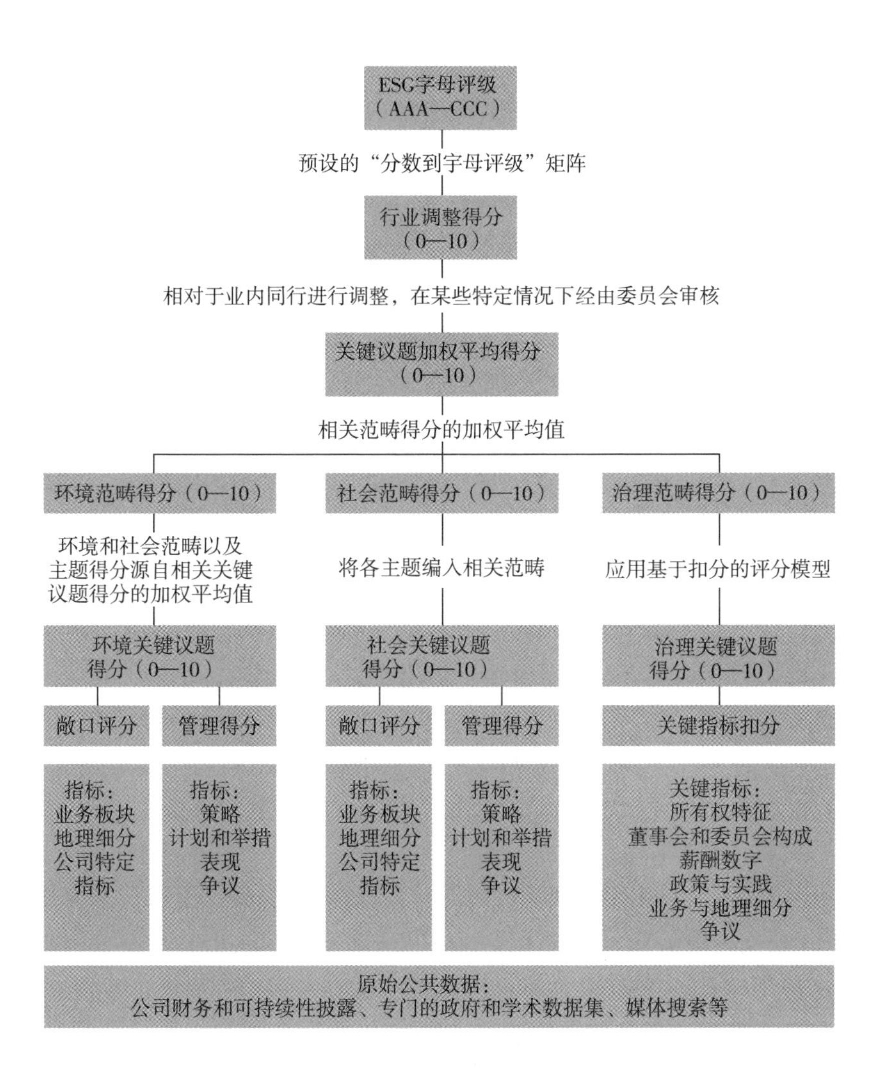

图 5-8　MSCI ESG 评级框架

仍然存在。

公式为：关键议题分数=7-［max（风险敞口分数，2）-管理能力分数］。

如图 5-9 所示，如果风险敞口分数为 1，管理能力分数为 5，则关键议题分数为 10；如果风险敞口分数为 5，管理能力分数为 3，则关键议题分数为 5。

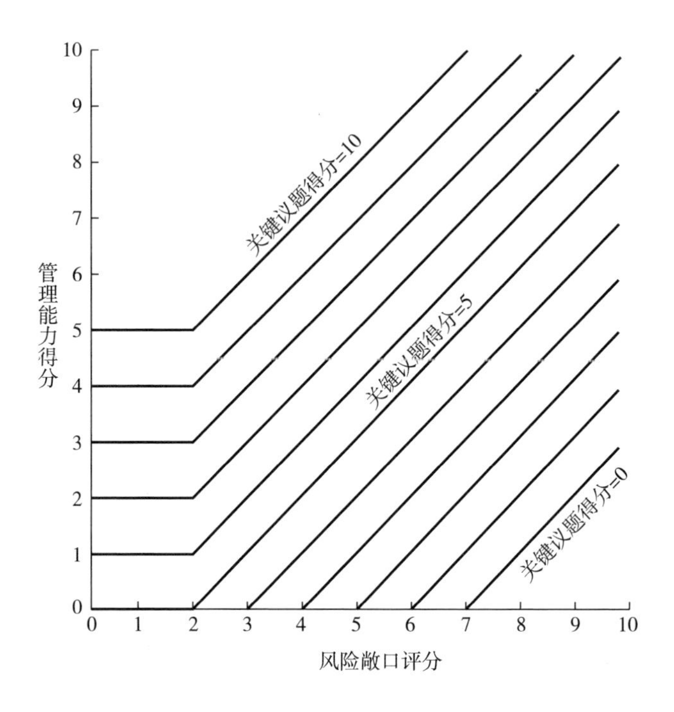

图 5-9　关键议题得分：结合风险敞口和管理能力评分

（三）权重设置

MSCI 的 ESG 指标体系中，所有行业指标组成和权重都有所差异。MSCI 根据行业特征，为每个子行业都挑选出了行业相关的细分指标。在考察不同行业 ESG 表现时，MSCI 根据行业特征对每个三级关键问题指标赋予了不同权重，如果某个指标与该行业没有关系，那么权重就设定为 0。例如，隐私和数据安全指标在能源、金融、信息科技和通信服务行业的权重分别为 0. 1%、10. 1%、10. 1%和 24. 1%，在材料的权重为 0%（不考虑）。

权重高低的分配主要考察两个方面：一方面是该指标对子行业的影响程度，另一方面是可能受影响的时间长度（见表 5-10）。在不同行业中，MSCI 为每项关键议题分配了“高”“中”“低”的影响程度，以及“短期”“中期”“长期”的影响时间。例如被定义为“高影响”“短期”的关键议题的权重将是被定义为“低影响”“长期”的关键议题权重的 3 倍。

表 5-10　　MSCI ESG 关键议题权重的设定标准

		出现风险/机遇的预期时间范围		
		短期（小于 2 年）	中期（2—5 年）	长期（大于 5 年）
对环境或社会的影响程度	高影响	最高权重		
	中影响		中等权重	
	低影响			最低权重

不同行业拥有不同细分指标权重，MSCI 通过细分指标加权，得到公司相应的 ESG 评级。MSCI 对不同行业选择不同的关键议题进行打分，并对各个议题从上市公司的风险敞口和风险管理两方面打分。

MSCI 会根据行业前 5%、后 5%的得分，设定行业最高和最低基准值，并据此对各公司得分进行标准化处理。根据最后得出的标准分，MSCI 会将公司对应在 7 个级别中，如 8. 571—10 分的公司获得最高的 AAA 级，0—1. 429 分的公司获得最低的 CCC 级。在 MSCI 的 ESG 评级体系中，AAA 级、AA 级意味着在管理重大 ESG 风险及机遇方面处于行业领先水平；A 级、BBB 级、BB 级表示处于平均水平；B 级、CCC 级则表示落后，CCC 也是最低级别。

（四）评级结果

2018 年 5 月 31 日，首批 234 只 A 股正式被纳入 MSCI 指数覆盖范围。按照惯例，所有被纳入 MSCI 指数的公司都要接受 ESG 评级。2018 年，MSCI 在对“MSCI 中国 A 股国际指数”的 423 家成分股进行评级后发现，86%的成分股评级都低于 BBB 级。也就是说，在 MSCI ESG 评级框架下，86%的 A 股头部公司，其 ESG 表现均不及全球同业平均水平。

不过，根据 MSCI ESG 团队于 2020 年 7 月发布的研究报告，中国企业的整体 MSCI ESG 评级在 2018—2020 年显著提升①。

截至 2022 年底，有 700 余家公司曾被纳入其针对 A 股的 ESG 系列指数成分股，其中，可查询 ESG 评级的公司共计 465 家。2022 年，有 MSCI ESG 评级的公司为 446 家，这些公司均为具有代表性的头部

① https://www.msci.com/www/blog-posts/would-integrating-esg-in/01970806830.

企业。不过，没有任何一家公司获评最高的AAA级；级别最高的为AA级，包括4家公司，仅占0.9%；获评B级的公司数量最多，共计142家，占比接近1/3；CCC级和BB级公司分别有123家和99家，占比分别为27.58%和22.2%。

第三节　ESG评级体系的经济影响

一　ESG评级与投资者行为

诸多文献发现，ESG评级会显著影响投资者的行为，ESG评级提升会吸引投资者资金流入。例如，Hartzmark和Sussman（2019）利用2016年晨星引入ESG评级的外生冲击，发现ESG评级低的美国共同基金出现资金净流出，而ESG评级高的基金则出现资金净流入。Berg等（2022）研究了公司ESG评级对基金持股的影响，发现在五种主要的ESG评级中，只有MSCI ESG评级的变化会显著引发ESG共同基金持有量的变化。公司的MSCI ESG评级下调，会大幅减少共同基金对公司的持股，而评级的上调则会增加持股。不过，投资组合的调整要经历长达15个月的时间。

有最新研究发现，ESG排名对个人投资者的影响力更大（Bazrafshan，2023）。ESG评级机构能够从ESG报告中抽取关键指标，简化纷繁复杂的ESG信息，对个人投资者更友好。因此，个人投资者只在ESG评级发布时才关注公司，而机构投资者在ESG文本报告发布前就密切关注公司：ESG评级公布，会导致散户增加交易活动，但散户对ESG文字报告的反应比较弱；相对而言，在ESG文本报告发布之后，机构投资者的交易量就会显著增加，而ESG评级公布对机构交易不再有明显影响。

投资者为何偏好ESG评级较好的资产？其内在动机可能有三个方面：

第一，财务动机。大多数文献发现，ESG评级较好的股票，有更好的财务绩效和股价表现。例如，Friede等（2015）统计了2200余篇有关 ESG 表现与财务绩效相关性的研究，发现 90%的文献认为 ESG 表现与财务绩效正相关。

第二，避险动机。在学术界和投资界，气候变化相关的长期风险越来越受重视，大型、成熟的机构投资者尤其重视气候风险（Krueger et al.，2020）。而 ESG 评级较高的资产，可能受气候风险的影响相对较小。此外，投资者对下行风险的关注不仅仅局限于气候风险，企业 CSR 投资是对冲一般下行风险的有效手段（Lins et al.，2017）。例如，当公司遭受声誉或经济冲击时，先前在企业社会责任方面的投资可确保客户和员工的忠诚度，或释放与竞争对手差异化的信号，从而保护公司免受此类冲击。近期研究表明，在 Covid-19 爆发后的市场暴跌中，ESG 表现优异的公司股价所受影响要小得多（Albuquerque et al.，2020）。

第三，社会责任动机。投资者选择 ESG 评级较好的资产，不仅仅出于财务目的，也出于社会责任偏好。很多学者认为，投资者并不是单纯地关注财务收益，而是具有某种社会福利偏好（Pro-social Preferences）。Fama 和 French（2007）就将社会福利投资的非金钱效用明确纳入投资者效用函数，在均衡情况下，具有社会福利偏好的投资者可以接受负的超额回报。Baker 等（2018）提出了一个 CAPM 框架，假设投资者从持有绿色债券中获得非金钱效用，并利用该框架合理解释了绿色债券的相对溢价。实证研究也发现，ESG 基金流量波动较小，对负回报的敏感度也较低，这与基金资金流量对业绩高度敏感的传统观点形成了鲜明对比（Renneboog et al.，2011）。Riedl 和 Smeets（2017）进行了问卷调查，发现在信任博弈实验中表现得更有社会责任感、向慈善机构捐赠更多的投资者，也会持有更多有社会责任感的股票型基金。即使预期 ESG 基金表现不佳，这些投资者也会投资于这些基金，这表明投资者愿意为了社会责任偏好而放弃一部分回报。

不过，最新文献发现，近几年，投资者越来越看重 ESG 指标，这也可能带来负面影响：社会责任投资机构更加注重上市公司的 ESG 表现，而较少关注股价、财务等方面的传统量化指标。这使得市场定价规律正在发生变化，投资机构纠正定价误差的能力下降。Cao 等（2023）发现，社会责任投资机构对量化的错误定价信号的反应较少。具体来说，对于社会责任投资机构持有较多的股票，与这些错误定价信号相关的异常回报率更高。

二 ESG 评级与股票定价

诸多文献研究了股票价格对于 ESG 评级的反应，大多数研究发现，ESG 评级会显著影响未来股票回报率，股票回报率对评级下调的长期反应为负，而对评级上调的积极反应则较慢且较弱。例如，Shanaev 和 Ghimire（2022）研究了 2016—2021 年 748 项 ESG 评级变化对美国公司股票回报率的影响，研究表明，ESG 评级上调所带来的正向影响并不稳健显著，但 ESG 评级下降对股票表现显著不利，对股票回报的平均影响为-1.2%。而且，这一情况对于 ESG 领先者而言比对落后者更为明显。

大部分研究发现，在中国资本市场上，ESG 评级对企业价值、股票预期回报也存在显著影响。例如，张琳和赵海涛（2019）研究发现 ESG 表现对企业价值产生积极的影响，通过滞后效应，当期 ESG 评级水平对下一期企业市值产生显著正向效应。

不过，也有研究得出不同结论。一些研究者则认为，高 ESG 评级和低 ESG 评级的公司之间并没有显著的回报差异（Halbritter and Dorfleitner，2015；Takahashi and Yamada，2021；Naffa and Fain，2022）。甚至，也有研究者认为，ESG 表现与预期回报率负相关。Hong 和 Kacperczyk（2009）研究了 ESG 表现比较差的“罪恶”股票，例如，烟草、酒、赌博相关股票。他们发现，由于“罪恶”股票承担了更高的诉讼风险，其预期回报率也相对更高。类似地，Hübel 和 Scholz（2020）研究了 2003—2016 年的欧洲股市，发现 ESG 评级较差的股票，由于承担了更高的可持续性风险，其回报率高于 ESG 评级好的股票。在中国市场上，Zhang 等（2022）使用彭博对 A 股的 ESG 评分，发现高 ESG 和低 ESG 的投资组合均能获得较高的异常收益，这表明了 ESG 表现和投资组合超额收益之间的关系是非线性的。

面对看似矛盾的实证结果，Pederson 等（2021）提出了统一的理论基础，他们构建了 ESG 调整后的资本资产定价模型（CAPM），证明投资者会在 ESG 有效边界上选择最优投资组合，ESG 评级与预期股票回报率存在两种关系：①ESG 评分较高的股票，能够吸引更多 ESG 投资者，需求增加导致当前价格上升，预期收益率下降；②ESG 评分较高的股票，未来预期利润相对更高，如果市场对这种基本面的可预测性反应不足，则 ESG 评分更可能与预期收益率正相关。

本章也利用 2010—2023 年 A 股上市公司数据，检验了 A 股市场中 ESG 评级对股票收益率的影响：我们将 A 股上市公司按上一年度的华证 ESG 评级从小到大等分为 5 组，检验接下来一年的股票组合回报率，发现 ESG 评级最高组的月回报率比 ESG 评级最低组高 0.323 个百分点。

为了排除市值因素的影响，我们也分别按照第 t-1 年的市值和华证 ESG 评级从小到大等分为 5 组，共形成 25 个股票组合，并计算接下来一年（第 t 年 5 月至第 t+1 年 4 月）每个股票组合的市值加权月收益率，权重为个股流通市值与组合流通市值之比。表 5-11 报告了这 25 个投资组合的市值加权月收益率，以及市值最大组与最小组、ESG 评级最高组与最低组的差值。如表 5-11 所示，在每个市值组别中，ESG 最高组与最低组的收益率差值均为正数，其最大差值达到了 0.40%。并且在市值较小和市值最大的组别中，股票收益率差值均在 1%置信水平下显著。

表 5-11　　各股票组合的市值加权月收益率

按 ESG 评级高低分组						
	低	2	3	4	高	高低差
月均收益率（%）	1.44	1.57	1.64	1.68	1.76	0.32*** （2.64）

按市值大小和 ESG 评级高低分组							
ESG 分组							
市值分组		低	2	3	4	高	高低差
	小	2.50	2.61	2.67	2.64	2.57	0.07 （0.45）

续表

按市值大小和 ESG 评级高低分组							
		低	2	3	4	高	高低差
市值分组	2	2. 19	2. 52	2. 46	2. 34	2. 59	0. 40*** (3. 21)
	3	2. 38	2. 29	2. 33	2. 53	2. 52	0. 14* (1. 80)
	4	1. 84	2. 45	1. 81	2. 19	2. 07	0. 22* (1. 82)
	大	1. 25	1. 63	1. 99	1. 77	1. 58	0. 33*** (4. 19)
	大小差	-1. 25*** (-4. 21)	-0. 98** (-2. 71)	-0. 68* (-1. 90)	-0. 87*** (-3. 76)	-0. 99** (-2. 38)	

注：括号里为 Newy-west t 值；*** $p<0.01$，** $p<0.05$，* $p<0.1$。

为了进一步检验 ESG 评级在时间序列上的表现，图 5-10 显示了 2010—2022 年，高 ESG 评级与低 ESG 评级的股票组合的累计收益率。可以看到，高评级组的累计收益率比低评级组高 38. 36%。

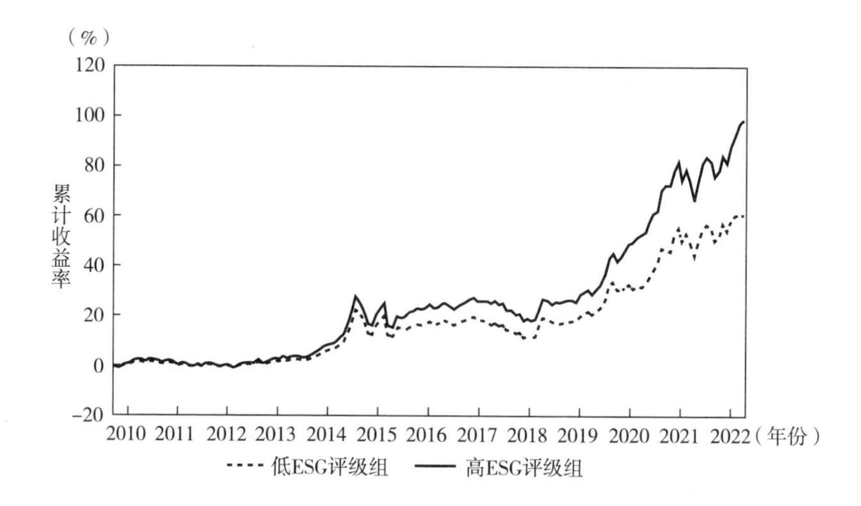

图 5-10　高 ESG 评级组和低 ESG 评级组的累计收益率

这说明，中国 A 股市场存在“ESG 评级溢价”，即 ESG 评级越高的上市公司，未来一段时间的股票收益率越高。

除影响股票价格外，ESG 评级对于股票崩盘风险也有显著影响。在 MSCI 的世界股票指数（MSCI World Index）中，MSCI ESG 评级最高的公司相比于最低评级公司出现股价暴跌事件的数量要低 2/3。Feng 等（2022）以 2009—2020 年 A 股上市公司为研究样本，考察 ESG 评级与股价崩盘风险之间的关系，并进一步探究不同所有权性质下 ESG 评级对股价崩盘风险的异质性影响。实证结果表明，ESG 评级与股价崩盘风险之间存在显著的负相关关系。而且，将上市公司区分为国有企业和非国有企业后，发现，ESG 评级的提高对降低非国有企业股价崩盘风险有显著作用，而国有企业股价崩盘风险受 ESG 评级影响不显著。这表明，不同性质的企业，环境绩效、社会责任绩效和公司治理绩效对股价崩盘风险的缓解作用是不同的。

三 ESG 评级与公司财务绩效

ESG 评级会改变公司行为。Berg 等（2022）发现，企业会在评级变化后调整其 ESG 实践。而且，大部分文献认为，长期来看，ESG 评级可以提高公司绩效（Friede et al.，2015；张琳和赵海涛，2019；Broadstock et al.，2020）。Friede 等（2015）统计了 2200 余篇有关 ESG 表现与财务绩效相关性的研究，发现 90% 的文献认为 ESG 表现与财务绩效正相关。Bissoondoyal-Bheenick 等（2023）利用 2007 年至 2020 年 G20 国家所有 ESG 得分企业的数据，发现托宾 Q 值与 ESG 评级正相关，而且他们分析了 ESG 得分的三大支柱与企业绩效之间的关系，发现社会维度是提升公司绩效的最突出因素。国内的研究也大多发现类似的结果。例如，良好的 ESG 对盈余持续性具有显著的正向影响，企业华证 ESG 评级越高，企业的盈余持续性越强（席龙胜和赵辉，2022）。

不过，也有文献提出，ESG 表现与公司财务绩效之间的关系是非线性的。Nollet 等（2016）发现，企业社会绩效与资产回报率和资本回报率之间呈“U”形关系，意味着长期而言，良好的企业社会责任表现可以提升其财务绩效表现；但短期内，公司承担社会责任意味着经营成本上升，例如环保改造、社区建设、社会捐赠，短期势必会影响公司的利润水平，很有可能导致股东利益和公司价值的受损。

ESG评级与公司绩效正相关，其内在机制体现为三个方面：

第一，信号传递机制，降低融资成本。企业是各利益相关者之间缔结的一组契约，与股东、管理层、员工等其他利益相关方存在着多种委托代理关系，在信息不对称的情况下，管理层有较强的信息优势，而作为委托人的各利益相关者则知之甚少。高ESG评级就是企业向外界传达的一种信号，降低信息不对称水平，证明自己是可信赖的，有助于企业获得更低的融资成本和更多的融资渠道。一些文献认为，ESG评级较高的公司，可能降低了信息不对称带来的逆向选择成本和道德风险，从而使融资成本降低（Dhaliwal et al.，2011；Dimson et al.，2015；邱牧远和殷红，2019）。吴雄剑等（2022）用2015年至2021年（样本时间）的中资美元债发行定价数据，量化了发行主体ESG评分对债券发行定价的影响。研究表明，ESG评分越高，降低中资美元债发行差的作用越强。研究还发现，对于ESG评分相当的债券，社会和治理因素的得分对定价有更为显著的影响。

第二，声誉机制。良好的声誉可以为企业带来更高的品牌价值、更多的合作伙伴、更广泛的市场份额以及更高的投资回报。而企业可以通过投资ESG来提高声誉。例如，关心员工利益的企业与员工拥有共同的价值理念，员工对企业的认同感和忠诚度更高，企业的经营效率更高（Kim et al.，2010）。社会声誉好的企业，在招聘市场也更占优，能吸引更多优秀人才。另外，一些文献也证实，更好的ESG绩效可以吸引更多具有社会意识的消费者，提高消费者的忠诚度，从而提高经营业绩和效率（Bénabou and Tirole，2010）。

第三，风险管理机制。高ESG评级的企业具备更好的风险管理能力。ESG评级较高的公司，发生严重舆情、诉讼纠纷和监管处罚事件的概率较小，从而降低公司股价的尾部风险（Hoepner et al.，2024）。尤其是在系统性风险来临之时，ESG较高的公司经营更加稳健，抵御风险的能力更强。Broadstock等（2021）和Garel等（2021）分别对中国和美国地区上市公司在新冠疫情事件中的表现的研究发现，ESG

表现较好的上市公司具有更好的风险管理能力，因此在新冠疫情发生之后的大幅回调的市场中跌幅小于其他上市公司。

第四节　中国 ESG 评级体系的挑战和未来

一　ESG 信息披露质量问题

ESG 评级体系构建第一步是获取 ESG 信息，良好的信息质量是开展适当 ESG 评价的基础。早年间，ESG 信息在公司财报和官网零星披露，但近年来，监管部门对 ESG 信息披露的要求逐渐加强和细化，越来越多的公司开始发布 ESG 年度报告，这在一定程度上提高了信息披露质量，为 ESG 评级优化奠定了基础。

2018 年 9 月，证监会修订《上市公司治理准则》，首次确立中国 ESG 信息披露基本框架，国内 ESG 信息披露要求逐渐完善，并逐渐由鼓励、建议转为强制责任。2021 年，中国企业 ESG 信息披露方面的政策密集出台，证监会发布《公开发行证券的公司信息披露内容与格式准则第 2 号》，增加 ESG 章节，要求“重点排污单位”的公司或其重要子公司，应当根据规定披露公司经营的环境信息。2022 年，上交所要求科创板公司应当披露 ESG 信息，科创 50 指数成分公司应当披露社会责任报告或 ESG 报告。同年，国资委也发布《提高中央企业控股上市公司质量工作方案》，要求中央企业探索建立健全 ESG 体系，力争到 2023 年央企控股上市公司 ESG 专项报告披露“全覆盖”。

截至 2023 年 6 月，A 股 1758 家企业发布 2022 年度 ESG 相关报告，占全部 A 股公司的 33.76%。相比之下，2021 年度有 1468 家上市公司发布 ESG 相关报告，2022 年增长 290 家，增速 19.75%，有了长足进步。

不过，目前中国企业 ESG 信息披露普遍存在以下问题：

第一，ESG 信息披露表现出两极分化态势，大型企业多于中小企业，国有企业明显多于民营企业。民营企业、中小企业对于 ESG 信息披露重视程度不够，积极性不足。

第二，披露标准不统一，数据可比性、可靠性不足。对比财务数据，上市公司使用较为普遍的国际财务报告准则（IFRS）制作财务报表，统计标准统一，而且经过严格的审计流程核实。但 ESG 报告可以基于超过 30 种不同标准进行制作，而且很多报告没有经过适当的审计。不同标准对企业信息披露侧重点不同，披露要求也存在程度和范围上的差异。标准的多样性影响了数据质量，并阻碍了公司之间的可比性。尤其是，国内企业 ESG 信息披露标准与国际标准存在一定差距，国内企业在明晟（MSCI）等国际 ESG 评级中表现较差。

第三，企业选择性披露，无法全面、及时地反映企业的真实情况，导致 ESG 评级相对滞后。企业往往会隐藏对自己不利的信息，导致 ESG 评级滞后，等到风险事件发生之后才能做出反应。例如，2021 年，欧盟委员会筛选了 344 个宣称其产品环保的网站，发现其中 42% 都包含虚假或欺骗性信息。再比如，大众"排放门"事件，大众汽车从 2006 年就开始系统操控汽车排放数据，直到 2015 年曝光之前，大众汽车在不少主流 ESG 评价中的得分都很不错。

对公司而言，加强 ESG 信息披露质量则有助于提高评级。例如，2021 年 7 月，MSCI 将贵州茅台的 ESG 评级下调至 CCC 级。当时，海外基金一度大量减持贵州茅台股票，这也被部分投资者归咎于贵州茅台的 ESG 成绩。半年后，2022 年 3 月，贵州茅台发布了自己的首份 ESG 报告。这份报告虽然也存在各种信息披露不充分的问题，但在当年 8 月，MSCI 上调贵州茅台的 ESG 评级至 B 级。至于其内在原因，不能排除贵州茅台主动披露 ESG 信息的积极作用。

对投资者而言，公司充分掌握 ESG 评级的游戏规则，又引发了对公司管理层刻意"洗绿"行为的担忧。何谓"洗绿"？这指的是公司管理层刻意迎合评级机构的指标，进行针对性的"形象工程"行动，将自身 ESG 表现过度夸大或故意误导，以获取更高的评级和投资者的青睐。为减轻"洗绿"风险，监管部门和评级机构，应当建立统一的信息披露标准，提炼能够客观衡量 ESG 水平的量化指标，加强 ESG 报告和评级的第三方审核。

二 ESG 评级分歧的挑战和未来趋势

目前，中国 ESG 评级体系最大的问题之一，是评级数据的可靠性、有效性问题。对于同一家公司，不同评级公司的评级结果差异巨大。比如以贵州茅台为例，2023 年 Wind 的 ESG 评级为“A”（高于行业平均），而 MSCI 的 ESG 评级为“B”（低于行业平均）。再比如中国太平洋保险集团，华证 ESG 评级等级为 BB，商道融绿的评级等级为 A，两家机构对太平洋保险集团的 ESG 评级结果存在较大的差异。

事实上，这是 ESG 评级机构一直以来面临的重要问题。由于 ESG 评级仅在西方发展 20 余年，在中国也处于起步阶段，尚未对“什么是良好的 ESG 表现”形成统一认知。Gibson 等（2021）研究了标准普尔 500 指数成分股的 ESG 评级，发现评级机构 ESG 评级的两两相关性为 0.45，远低于信用评级机构之间 0.99 以上的相关性。其中，治理维度的 ESG 评级相关性最低，仅 0.16；而环境维度的 ESG 评级相关性最高，为 0.46。Billio 等（2021）的研究成果显示，截至 2021 年，Sustainalytics、RobecoSAM、路孚特（Refinitiv）和 MSCI 四家 ESG 评级机构的 ESG 评价结果差异较大，相关性平均值仅为 58%。

我们也收集了各评级机构发布的 2022 年 A 股上市公司的 ESG 评级数据，对 5 家不同的海内外机构的 ESG 评级进行相关性分析，如表 5-12 所示。不同机构之间的 ESG 评级相关性在 0.469—0.700，其中，华证 ESG 和 Wind ESG 之间的相关性最低，为 0.469；盟浪和商道融绿之间的相关性最高，达 0.700。相比较而言，华证与其他评级之间的相关性更低。

表 5-12 各机构 ESG 评级的相关性分析

	华证 ESG	盟浪 ESG	商道融绿 ESG	Wind ESG	富时罗素 ESG
华证 ESG	1				
盟浪 ESG	0.621	1			
商道融绿 ESG	0.496	0.700	1		
Wind ESG	0.469	0.679	0.553	1	
富时罗素 ESG	0.548	0.546	0.666	0.517	1

对投资者而言，在进行投资决策时，需要考虑各家机构的ESG评级结果，如果ESG评级结果分歧较大，投资者获得的信息将变得很混乱，难以作出合理的投资决策。Serafeim和Yoon（2023）的研究表明，来自不同评级机构的ESG评级预测能力是不一样的，尤其在评级存在较大分歧的时候，ESG评级对股票回报率的预测能力会减弱。

评级结果差异性较大，背后的一个重要原因是各家机构评级方法、指标、数据源存在较大差异。Berg等（2022）研究了五家著名评级机构在ESG评级之间的差异，将整体差异分解为三个来源：指标范围差异、指标度量差异、权重差异，实证发现三者分别解释了ESG评级差异的36.7%、50.1%和13.2%。他们还发现了一种"评级者效应"，即当评级机构给某公司的特定指标打出高评分时，其他指标得到高评分的概率会更大。

首先，ESG评级方法是评级机构的业务核心，ESG评级机构一般不公开其所采用的评估企业ESG绩效的标准和评估流程的完整信息，而各ESG评级机构测量指标和方法却存在差异。比如对于处于食品饮料行业的贵州茅台公司，商道融绿考虑了贵州茅台在员工安全、供应链管理、可持续供应方面的表现，华证并没有考虑这些指标，但考虑了其他的诸如品牌声誉、企业文化等指标。

其次，ESG评级机构的数据来源也有差异。既包括公开信息，也包括私有信息。公开信息主要来自企业的公开报告，包括企业的年度报告、社会责任报告、可持续发展报告、碳信息披露项目（CDP），还有公司网站、媒体资源、对企业的问卷调查等渠道。各机构获得的公共信息差异不大。但是，私有信息却差异较大。有的ESG评级机构会通过电话沟通、管理层会议以及资料收集清单等多种方式，与企业取得联络，进行信息确认与补充及获得相关内部材料，而有的ESG评级机构则不会与企业沟通或者根本得不到企业的配合。各评级机构收集信息的渠道和方式不同，收集的私有信息存在较大差异。这些差异最后会反映到评级结果上。

再次，ESG评级机构遵循的ESG编制依据不同是评级分歧的又一原因。国际主流编制依据包括《可持续发展报告指南》（GRI）、

《ISO26000：社会责任指南（2010）》、可持续发展会计准则（SASB）等。目前大多数 ESG 评级机构遵循《可持续发展报告指南》。研究发现，当公司遵循《可持续发展报告指南》时，ESG 评级分歧较低。这是因为，采用全球报告倡议组织的 GRI 报告框架会增强 ESG 报告对 ESG 评级者的有用性，与不遵守 GRI 报告框架的公司相比，遵守 GRI 报告框架的公司倾向于更认真地致力于环境、社会和治理活动，并发布更高质量的 ESG 报告（Ballou et al.，2018）。2019 年 GRI 对中国地区 1194 家企业进行了 ESG 信息披露情况调查，其中中国大陆地区 609 家企业中，仅有 27 家上市公司完全按照 GRI 准则进行信息披露，部分按照 GRI 准则进行信息披露的有 137 家，未按照 GRI 准则进行信息披露的有 445 家，占绝大多数。这是国内公司的海外 ESG 评级普遍偏低的原因之一。

最后，公司信息披露也会影响 ESG 评级分歧。因为正如我们在本章第一部分论述的，公司 ESG 行为披露标准化程度并不高，定性信息披露较多，各家公司之间较不可比。一些学者认为，公司的 ESG 信息披露程度越高，评级分歧越大。与其他传统领域不同，ESG 信息披露具有主观性，信息集越大，产生不同解释的机会也越多。所以公司的 ESG 信息披露程度越高，评级分歧越大（Christensen et al.，2022）。

在中国，约 20 家本土 ESG 评级机构、多家国际评级机构正在开展 ESG 业务。它们的业务规模随着 ESG 投资的兴起快速增长。例如，Sustainalytics 这家专注于可持续性评级和咨询的机构，2022 年在中国市场的收入同比增长 36%。一方面，未来形成较为统一的评级结果，对于投资者和企业来说非常重要。许多公司和机构采用各自不同的 ESG 标准或评级系统，可能导致评级结果间的冲突，从而误导企业。

从另一方面来看，从市场化的视角，未来多元化的评级观点、独立的评分方法，以及评级体系的创新和竞争，都是对市场和投资者更为有益的要素。各家评级机构对于在环境（E）、社会（S）和治理（G）方面具有实质性影响的因素，以及这些因素在评级中的权重如何分配，存在差异性观点。评级机构收集的数据在数量和质量上存在明显差异，有的依赖专门的数据库，有的则通过人工智能技术获取数据。在比较特定行业时，不同机构可能采用相对基准或绝对基准的不同标准。

评级体系这种多元化的观点，为市场提供了更丰富和有效的投资信息，同时这也可能增加噪声。在未来，中国评级体系内部评级结果的质量和对收益预测的准确性，将成为各家评级机构竞争的焦点。对投资者而言，在依赖 ESG 评级体系来形成投资策略时，应保持警惕，避免过度依赖某家或者某种机械化方法。

三　评级接轨国际化，保留本土化特色

在未来，中国 ESG 评级要做到既与国际接轨，又保留中国本土特色。一方面，海外 ESG 理念、披露标准的发展领先中国数年，海外评级体系的精细度和透明度也相对更高。中国评级机构应当深入研究国外权威标准，让中国 ESG 评价标准接轨国际前沿。

另一方面，ESG 指标体系与各国的政治文化背景有很强的相关性。人类社会对于环境保护问题有较为一致的共识，因此环境（E）指标具有较好的通用性和普适性，但社会（S）和治理（G）的指标往往与社会发展阶段、社会制度、文化强关联。各国面对的 ESG 问题各有不同，国际的评价指标和指标的权重分配或不适合中国国情。对比华证与 MSCI 的 ESG 评价指标体系可以发现，两个指标体系均分为三大支柱，而且评价主题有一定重合，但是指标选取仍有较大差异，特别是社会层面的评价体系差异较大。比如，华证的社会层面评价体系包括“社会贡献”这个二级指标，在这个二级指标中纳入了“员工增长率”这个三级指标，代表了“稳就业”的社会责任，但 MSCI 的 ESG 评价指标体系不包括此项，而比较关注供应链劳工标准、争议性采购等指标。

国际 ESG 评级机构普遍缺乏对中国企业，尤其是国有企业响应碳达峰碳中和、乡村振兴、共同富裕等国家战略方面的可持续发展议题内涵的理解，造成对中国企业 ESG 评级结果系统性偏低。例如，马文杰和余伯健（2023）发现，国外评级机构针对国有企业的评级偏低。国外机构通常认为，国有企业设定过多非经济目标会降低企业的公司治理水平，损害企业 ESG 表现；但是，中国国有企业承担了很多社会

责任，比如维持经济稳定、保障就业等，这些“隐性”社会责任很难被国外评级机构认可并加以度量。较低的海外 ESG 评级将不利于中国企业吸引境外投资。

因此，建设既与国际接轨，又保留中国特色的本土化 ESG 评价评级体系，是当务之急。应推动国内企业采取与国际接轨的信息披露标准，同时，国内 ESG 评级机构应当充分论证中国特色 ESG 指标的合理性，推动 ESG 指标走出国门，进而推动 ESG 投融资的国际化。

参考文献

马文杰、余伯健：《企业所有权属性与中外 ESG 评级分歧》，《财经研究》2023 年第 6 期。

邱牧远、殷红：《生态文明建设背景下企业 ESG 表现与融资成本》，《数量经济技术经济研究》2019 年第 3 期。

王凯、张志伟：《国内外 ESG 评级现状、比较及展望》，《财会月刊》2022 年第 2 期。

吴雄剑、唐逸舟、孙立行等：《ESG 信息披露对中资美元债发行定价的影响》，《证券市场导报》2022 年第 9 期。

席龙胜、赵辉：《企业 ESG 表现影响盈余持续性的作用机理和数据检验》，《管理评论》2022 年第 9 期。

张琳、赵海涛：《企业环境、社会和公司治理（ESG）表现影响企业价值吗？——基于 A 股上市公司的实证研究》，《武汉金融》2019 年第 10 期。

张小溪、马宗明：《双碳目标下 ESG 与上市公司高质量发展——基于 ESG“101”框架的实证分析》，《北京工业大学学报》（社会科学版）2022 年第 5 期。

Albuquerque, Rui, et al., “Resiliency of Environmental and Social Stocks: An Analysis of the Exogenous COVID-19 Market Crash”, *The Review of Corporate Finance Studies*, Vol. 9, No. 3, 2020.

Baker, M., Bergstresser, D., Serafeim, G., & Wurgler, J., “Financing the Response to Climate Change: The Pricing and Ownership of US

Green Bonds", National Bureau of Economic Research, No. w25194, 2018.

Ballou, Brian, et al., "Corporate Social Responsibility Assurance and Reporting Quality: Evidence from Restatements", *Journal of Accounting and Public Policy*, Vol. 37, No. 2, 2018.

Bazrafshan, Ebrahim., "The Role of ESG Ranking in Retail and Institutional Investors' Attention and Trading Behavior", *Finance Research Letters*, Vol. 58, 2023.

Bénabou, Roland, and Jean Tirole., "Individual and Corporate Social Responsibility", *Economica* Vol. 77, No. 305, 2010.

Berg, F., Heeb, F., and Kölbel, J. F., "The Economic Impact of ESG Ratings", Available at SSRN 4088545, 2022.

Berg, Florian, Julian F. Koelbel, and Roberto Rigobon, "Aggregate Confusion: The Divergence of ESG Ratings", *Review of Finance*, Vol. 26, No. 6, 2022.

Billio, Monica, et al., "Inside the ESG Ratings: (Dis) Agreement and Performance", *Corporate Social Responsibility and Environmental Management*, Vol. 28, No. 5, 2021.

Bissoondoyal-Bheenick, Emawtee, Robert Brooks, and Hung Xuan Do., "ESG and Firm Performance: The Role of Size and Media Channels", *Economic Modelling* Vol. 121, 2023.

Broadstock, David C., et al., "Does Corporate Social Responsibility Impact Firms' Innovation Capacity? The Indirect Link between Environmental & Social Governance Implementation and Innovation Performance", *Journal of Business Research*, Vol. 119, 2020.

Broadstock, David C., et al., "The Role of ESG Performance during Times of Financial Crisis: Evidence from COVID-19 in China", *Finance Research Letters*, Vol. 38, 2021.

Cao, Jie, et al., "ESG Preference, Institutional Trading, and Stock Return Patterns", *Journal of Financial and Quantitative Analysis*, Vol. 58, No. 5, 2023.

Christensen, D. M., G. Serafeim, and A. Sikochi, "Why is Corporate Virtue in the Eye of the Beholder? The Case of ESG Ratings", *The Accounting Review*, Vol. 97, No. 1, 2022.

Dhaliwal, Dan S., et al., "Voluntary Nonfinancial Disclosure and the Cost of Equity Capital: The Initiation of Corporate Social Responsibility Reporting", *The Accounting Review*, Vol. 86, No. 1, 2011.

Dimson, Elroy, Oğuzhan Karakaş, and Xi Li, "Active Ownership", *The Review of Financial Studies*, Vol. 28, No. 12, 2015.

Fama, Eugene F., and Kenneth R. French, "Disagreement, Tastes, and Asset Prices", *Journal of Financial Economics*, Vol. 83, No. 3, 2007.

Feng, Jingwen, John W. Goodell, and Dehua Shen, "ESG Rating and Stock Price Crash Risk: Evidence from China", *Finance Research Letters*, Vol. 46, 2022.

Friede, Gunnar, Timo Busch, and Alexander Bassen, "ESG and Financial Performance: Aggregated Evidence from more than 2000 Empirical Studies", *Journal of Sustainable Finance & Investment*, Vol. 5, No. 4, 2015.

Garel, Alexandre, and Arthur Petit-Romec, "Investor Rewards to Environmental Responsibility: Evidence from the COVID-19 Crisis", *Journal of Corporate Finance*, Vol. 68, 2021.

Gibson Brandon, Rajna, Philipp Krueger, and Peter Steffen Schmidt, "ESG Rating Disagreement and Stock Returns", *Financial Analysts Journal*, Vol. 77, No. 4, 2021.

Halbritter, Gerhard, and Gregor Dorfleitner, "The Wages of Social Responsibility—Where are They? A Critical Review of ESG Investing", *Review of Financial Economics*, Vol. 26, 2015.

Hartzmark, S. M. and Sussman, A. B., "Do Investors Value Sustainability? A Natural Experiment Examining Ranking and Fund Flows", *The Journal of Finance*, Vol. 74, No. 6, 2019.

Hoepner, Andreas G. F., et al., "ESG Shareholder Engagement and

Downside Risk", *Review of Finance*, Vol. 28, No. 2, 2024.

Hong, Harrison, and Marcin Kacperczyk, "The Price of Sin: The Effects of Social Norms on Markets", *Journal of Financial Economics*, Vol. 93, No, 1, 2009.

Hübel, Benjamin, and Hendrik Scholz, "Integrating Sustainability Risks in Asset Management: The Role of ESG Exposures and ESG Ratings", *Journal of Asset Management*, Vol. 21, No. 1, 2020.

Lins, Karl V., Henri Servaes, and Ane Tamayo, "Social Capital, Trust, and Firm Performance: The Value of Corporate Social Responsibility during the Financial Crisis", *The Journal of Finance*, Vol. 72, No. 4, 2017.

Kim, Hae-Ryong, et al., "Corporate Social Responsibility and Employee - Company Identification", *Journal of Business Ethics*, Vol. 95, 2010.

Krueger, Philipp, Zacharias Sautner, and Laura T. Starks, "The Importance of Climate Risks for Institutional Investors", *The Review of Financial Studies*, Vol. 33, No. 3, 2020.

Naffa, Helena, and Máté Fain, "A Factor Approach to the Performance of ESG Leaders and Laggards", *Finance Research Letters*, Vol. 44, 2022.

Nollet, Joscha, George Filis, and Evangelos Mitrokostas, "Corporate Social Responsibility and Financial Performance: A Non-linear and Disaggregated Approach", *Economic Modelling*, Vol. 52, 2016.

Pedersen, Lasse Heje, Shaun Fitzgibbons, and Lukasz Pomorski, "Responsible Investing: The ESG-efficient Frontier", *Journal of Financial Economics*, Vol. 142, No. 2, 2021.

Riedl, A. and Smeets, P., "Why do Investors Hold Socially Responsible Mutual Funds?", *The Journal of Finance*, Vol. 72 No. 6, 2017.

Renneboog, Luc, Jenke Ter Horst, and Chendi Zhang, "Is Ethical Money Financially Smart? Nonfinancial Attributes and Money Flows of Socially Responsible Investment Funds", *Journal of Financial Intermediation*, Vol. 20, No. 4, 2011.

Rau, P. R., & Yu, T., "A Survey on ESG: Investors, Institutions and Firms", *China Finance Review International*, 2023.

Serafeim, George, and Aaron Yoon, "Stock Price Reactions to ESG News: The Role of ESG Ratings and Disagreement", *Review of Accounting Studies*, Vol. 28, No. 3, 2023.

Shanaev, Savva, and Binam Ghimire, "When ESG Meets AAA: The Effect of ESG Rating Changes on Stock Returns", *Finance Research Letters*, Vol. 46, 2022.

Takahashi, Hidenori, and Kazuo Yamada, "When the Japanese Stock Market Meets COVID-19: Impact of Ownership, China and US Exposure, and ESG Channels", *International Review of Financial Analysis*, Vol. 74, 2021.

Zhang, Xiaoke, Xuankai Zhao, and Yu He, "Does It Pay to be Responsible? The Performance of ESG Investing in China", *Emerging Markets Finance and Trade*, Vol. 58, No. 11, 2022.

第六章　投资中国 ESG

第一节　ESG 投资在中国：价值链、发展趋势

一　ESG 投资价值链

ESG 投资价值链是一个涉及资产所有人、资产管理人、上市公司等多个参与者和环节的价值创造过程，具体如图 6-1 所示。ESG 因素被纳入投资决策的核心考量，价值链的上游为资产所有人（Asset Owner，AO），包括养老基金、保险公司甚至散户投资人；中游为资产管理人（Asset Manager，AM），包括银行、资管公司、基金公司等；下游为被投资方（Investee），即积极实践 ESG 的企业。

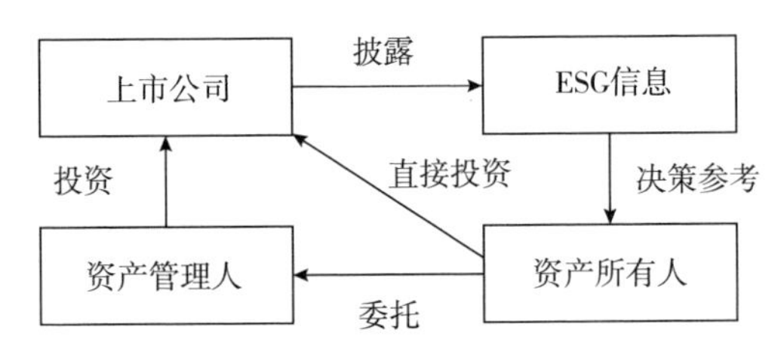

图 6-1　ESG 投资价值链

ESG 投资主要由上端向下端驱动，即由投资方驱动，金融中介积极回应，投资于积极实践 ESG 的实体企业。通常来讲，大型资产所有人在 ESG 投资价值链的运作和影响力扩大中扮演着关键角色。在发达国家市场，养老金、主权财富基金和保险机构较早地开始了负责任的

投资实践，促进了其他投资管理机构对 ESG 投资理念的接纳和实施。这些大型资产所有人通过他们的投资决策，推动企业和项目更加关注环境、社会和治理方面的问题，以实现可持续发展，同时回应投资人的预期。

二　ESG 投资在中国：发展历程

相较于发达国家，中国在 ESG 投资领域的起步相对较晚，初期发展速度也较为缓慢。在这个过程中，政府的角色不可或缺。一系列政策导向和规定的制定与实施，为中国企业的 ESG 发展奠定了坚实的基础，并带动了市场的积极响应，市场与政策相辅相成，逐渐发展。

受益顶层政策和相关利益方的驱动，中国 ESG 投资在 2018 年之后蓬勃发展。截至 2023 年 10 月 31 日，中国内地共有 136 家机构成为联合国责任投资原则组织（UN PRI）的签署方。其中，有 98 家是资产管理人，占 72%，此外，35 家机构为服务供应商，占 26%；还有 3 家为资产所有人，占 2%，具体信息如图 6-2 所示。

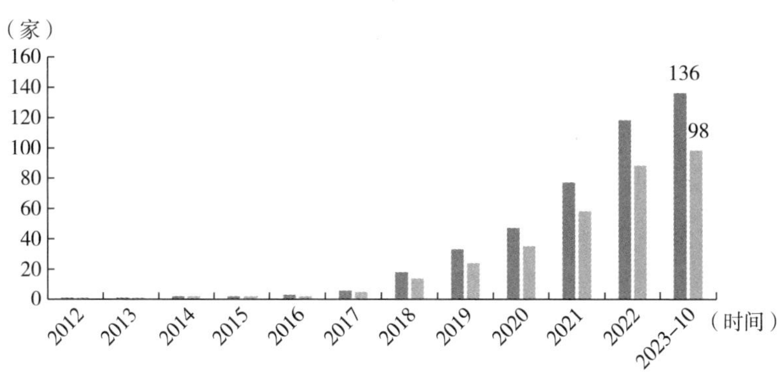

图 6-2　中国联合国责任投资原则（UN PRI）参与者数量

资料来源：UN PRI，Wind。

中国 ESG 投资发展历程可以分为以下三个阶段。

（一）第一阶段：2008 年以前

1. ESG 理念初步形成

在此阶段，国内监管机构主要采取倡导和鼓励公司自愿披露社会责任报告的方式。

2001 年，中国证券监督管理委员会（现称中国证券监督管理局）发布了《企业社会责任报告指引》，鼓励公司编制并发布企业社会责任报告，展示企业在环境、社会和治理方面的表现。2006 年，深交所发布了《深圳证券交易所上市公司社会责任指引》，开始关注和提及上市公司在环境保护和社会责任方面的工作。这一指引的发布进一步强化了企业在 ESG 方面的责任和意识，同时为投资者提供了评估公司可持续性的重要参考依据。

2. 市场初步形成

2008 年，ESG 正式进入中国市场。在此阶段，ESG 在中国市场的业务规模相对较小，涉及的领域和行业也较为有限。2005 年至 2009 年，共有 13 只 ESG 主动型基金问世。在这一阶段，ESG 投资以适应中国市场的特点和需求为主，逐渐积累相关经验。

（二）第二阶段：2008 年至 2015 年

1. 监管规定出台

在这个阶段，国内的监管机构不仅明确了社会责任报告的披露细则，还催生了强制性披露的法律法规。2008 年，上交所发布了《关于加强上市公司社会责任承担工作的通知》。两年后，港交所首次公布了《ESG 指引》及其实施建议，并将其纳入《主板上市规则》的附录中。2013 年，国务院国资委也发布了相关指导意见，强调上市公司应在其报告中披露环境、社会和公司治理方面的信息。2014 年港交所对《企业管制守则》《企业管治报告》进行了修订，并将修订后的守则重新纳入《主板上市规则》的附录。两年后，该交易所首次修订了《ESG 指引》，采取了“环境”“社会”两步走的披露升级策略。这些举措都显示了监管机构对于推动上市公司提高 ESG 披露水平的决心和努力。

2. 市场缓慢发展

2010 年至 2015 年，共有 17 只 ESG 主动型基金成立，投资策略依然以正面/最佳类别筛选为主，其中 6 只同时包含负面筛选。值得注意的是，兴全绿色投资基金开始涵盖参与公司治理的概念，以提案、管理层沟通、呼吁等多种形式积极对股东行为进行倡导，逐步在国内市场形成对上市公司绿色产业发展的外部激励约束机制。在主题趋势上，以环境为主题的基金逐渐增加到9只。此外，2013年首次出现以E、S、G三个方面共同筛选股票的基金（财通可持续发展主题基金），期间共有3只类似的基金成功发行。这一阶段相比第一阶段在ESG投资策略和主题界定上更加丰富和明确。

（三）第三阶段：2016年至今

1. 监管进一步完善

在此阶段，社会责任报告披露制度得到进一步完善，监管机构对实施细则进行修订，向投资者传达更加可靠且有效的上市公司社会责任信息，相关研究机构提出了具体的量化评价模式。

2016年，中国证监会要求所有上市公司必须在年报中披露环境信息，标志着中国ESG发展实现重大突破。2017年，港交所将《ESG指引》环境范畴KPI的披露责任提升至"不遵守就解释"。2018年，A股被正式纳入MSCI新兴市场指数和MSCI全球指数。证监会修订的《上市公司治理准则》确立了ESG信息披露基本框架。基金业协会正式发布《中国上市公司ESG评价体系研究报告》《绿色投资指引（试行）》，提出了衡量上市公司ESG绩效的核心指标体系。2019年，基金业协会进一步发布了《关于提交自评估报告的通知》，作为《绿色投资者指引（试行）》的具体实施文件。港交所对《ESG指引》进行第二次修订。2020年，港交所再次修订《如何编备环境、社会及管治报告》《董事会及董事指南：在ESG方面的领导角色和问责性》，指导发行人进行ESG信息披露。上交所修订《上海证券交易所科创板股票上市规则》，要求企业报告其履行社会责任的情况，并视情况编制和披露社会责任报告、可持续发展报告、环境责任报告等。

2. 市场加快发展

自2016年起，投资筛选方法开始广泛采用定性定量分析，通过这种分析方法，能够选出具有最优势的个股。主题的界定也变得更加明确，具体的相关行业被细致地划分出来，而在筛选过程中，则会选择与主题指标相关性更高的公司。例如，公司的战略定位、营业收入以及利润受惠于投资主题的程度都会被考虑在内，以确定其主题相关度。

在政府和市场的共同推动下，这一阶段的中国 ESG 发展取得了显著的进步，ESG 投资领域日趋多元化，市场规模有较大成长空间。2020—2022 年，ESG 基金爆发式增长，从 44 只增加到 125 只，增长率为 184%；基金累计规模从 594.87 亿元升至 1101.27 亿元。

第二节　中国 ESG 投资策略及其表现

一　ESG 投资策略界定

ESG 投资策略，一般是指把环境（E）、社会（S）、治理（G）三个方面因素纳入考虑的投资方法，主要通过考察企业中长期可持续发展的潜力，找到既能创造股东价值又能创造社会价值的投资标的，这种策略在实操中已有多种类型。

（一）国际公认的 ESG 投资策略

根据联合国责任投资原则（UN PRI）和全球可持续投资联盟（GSIA）等国际组织初步达成的共识，将 ESG 投资策略分成三大类共七种类型。第一大类是筛选类：基于一定的标准对投资目标公司进行排除和选择，主要包括负面筛选、按标准筛选、正面筛选；第二大类是整合类：将 ESG 理念融入传统投资框架，主要是 ESG 整合；第三大类是主题类：通过投资推动公司采取行为、实现积极的社会和环境影响，主要包括影响力投资、企业参与和股东行动。具体如表 6-1 所示。

（二）中国特色的 ESG 投资策略

中国特色估值体系就是将中国特色与估值体系有机地融合在一起，形成一整套有中国特色、科学有效的估值方法。中国特色最核心的就是适应中国高质量发展阶段。具有中国特色的估值体系不仅需要综合考虑公司盈利能力、成长性、资产收益率和分红水平等常规估值因素，还需要在评价体系中加入除盈利之外的国家战略、产业安全和社会责任等非常规估值因素。“中特估”增强了价值投资理念并使 ESG 投资理念得到了进一步的发展，ESG 已成为资本市场行情变动与分析的关键因子。

表 6-1　将 ESG 议题纳入股票投资分析和决策的方法与策略

纳入方法	策略类型	策略描述及如何与其他策略相结合			
		基本面分析	量化策略	Smart Beta 策略	被动指数策略
筛选法	负面筛选	排除 ESG 评估较差的公司或项目，或者根据特定 ESG 标准排除			
	正面筛选	选取 ESG 评估较好的公司或项目			
	按标准筛选	按照国际通行的最低标准对投资标的进行审核，如联合国条约等			
整合法	ESG 整合	明确而系统地在投资分析和决策中纳入 ESG 因素			
		将 ESG 因素运用于绝对和相对估值模型	将 ESG 因素与规模、动量、波动性等适用于量化模型	将 ESG 因素与评分作为权重指标	基于 ESG 因素调整 指数权重构成或追踪已经调整的指数
主题法	可持续发展主题投资	将资本配置于与某些环境或社会效益相关的资产			
		选择达到估值和财务门槛，且与可持续主题相关的资产			选择专注环境和社会主题的指数，如清洁能源技术、气候变化等

资料来源：巴曙松、王彬、王紫宇：《ESG 投资发展的国内外实践与未来趋势展望》，《福建金融》2023 年第 2 期。

“中特估”评价体系与 ESG 评级体系均考虑企业的环境影响、社会责任和良好的公司治理等非传统财务因素，追求长期、可持续的投资回报。“中特估”评价体系更加注重企业社会责任承担情况，即我国的央（国）企相比民（私）企承担着更多能源安全、粮食安全、产业链安全、环境保护等方面的社会责任，企业表现具有明显的“正外部性”，但是传统估值体系中仅包含财务因子，因此“中特估”评价体系可以通过加入社会责任、环境保护等非传统估值因子以修正央（国）企的偏低估值。

二 ESG投资策略在不同金融市场中的实践

（一）ESG理念在股票投资中的实践

2006年联合国环境规划署可持续金融倡议（UNEP FI）和联合国全球契约组织（UNGC）共同发布的责任投资原则（PRI），第一项即将ESG议题纳入投资分析和决策过程。在实践中，可通过筛选法、整合法和主题法等实现这一目标。

兴证全球基金是国内最早开展责任投资实践的公募机构之一。在责任投资决策中，兴证全球基金采用“社会责任四维选股模型”，按照经济责任、可持续发展责任、法律责任、道德责任进行选股入池、股票组合构建与调整等工作（见表6-2）。具体来看，首先根据经济责任和社会责任表现指标，定期对股票进行初步筛选，将经济责任较好的股票纳入基础股票池，并剔除社会责任表现落后的公司。同时，运用负面剔除策略，设置“禁止投资库”“限制风格库”。进一步地，从四个维度综合考量社会责任对公司价值的相对贡献，并将相对领先的公司纳入备选池。此后，公司将长期跟踪备选池中上市公司的社会责任表现，季度跟踪并基于突发事件不定期更新因子表现。最后在组合层面，同时考量估值、市场环境等因素共同决策，构建股票组合。

表6-2 社会责任四维选股模型

四大维度	考察方面	具体内容
经济责任	财务指标	衡量公司创造利润的表现，主要通过估值指标（如动态市盈率PEG、市净率B/M等）和增长指标（如主营业务增长率SG、EBIT增长率等）进行多重考察
	产品与服务	要求公司所生产或营销的产品和服务具有较强的竞争力、能为公司实现利润，并提高消费者健康水平和生活质量水平。量化方面可通过品牌指标（如市场占有率、行业集中度、品牌渗透率等）和质量指标（如产品合格率、产品返修率等）进行考察

续表

四大维度	考察方面	具体内容
经济责任	治理结构	主要通过董事会的独立性及多样性、股东制衡表现、公司管理治理规则、风险管理和内部人监督体系、信息披露、公司文化、管理层激励表现（如是否实施股权激励制度、高管人员的持股比例等）等进行考察
可持续发展责任	环保责任	主要考察公司是否遵守环境政策和条例、保护环境及提高资源利用效率的方案及措施、环境保护预算、新能源开发、环保产业等方面，量化指标上考察公司的单位收入能耗、单位工业产值主要污染物排放量、环保投资率、横向比较公司在同行业的环保表现等指标
	创新责任	考察公司研发及业务创新能力，考察指标包括创新产出指标，如新产品产值率、专利水平等项；创新潜力指标，包括技术创新投入率、技术开发人员比率等项
法律责任	税收责任	通过资产纳税率、税款上缴率等指标对该项进行考察
	雇主责任	要求公司严格遵守劳动政策法规和制度条例，保证员工健康安全和劳资。可通过工资支付率、法定福利支付率、社保提取率、社保支付率等指标对该项进行考察
道德责任	内部道德责任	要求公司对内部员工的福利、未来发展等方面承担责任。可通过员工培训支出比率、员工人均年培训经费、员工工资增长率、就业贡献率等指标对该项进行考察
	外部道德责任	要求公司承担一定的社会慈善事业和其他公益事业社会责任。可通过捐赠收入比率等指标对该项进行考察

资料来源：兴业全球基金：《兴全社会责任混合型证券投资基金更新招募说明书》，2020 年 5 月 15 日；国盛证券：《一文读懂 ESG 投资理念及债券投资应用》，2020 年 6 月 22 日。

（二）ESG 理念在债券投资中的实践

联合国责任投资原则组织已经给出管理固定收益类别资产 ESG 问题的指南（见表 6-3），其中包括构建固定收益投资组合时纳入 ESG 因素和与发行人就 ESG 问题进行沟通，虽然固定收益投资者不是发行主体的所有人，但也是比较重要的利益相关方，所以应积极与发行人就 ESG 相关问题进行沟通，鼓励发行人改善 ESG 风险管理，或发展更具有可持续性的商业实践和经营增长模式，另外在相关信息披露方面也应积极与发行人沟通。

表 6-3　　将 ESG 因素纳入债券投资的方法

	整合法	筛选法	主题法
内容	在对特定发行人、证券或整体投资组合结构做出投资决策时，实质性 ESG 因子可以连同传统财务因子一并识别和评估 ◆投资研究：识别可能影响下行风险的实质性 ESG 因子 ◆证券估值：将实质性 ESG 因子纳入财务分析与估值 ◆投资组合管理：将 ESG 分析纳入风险管理和投资组合构建决策	利用一组筛选标准，根据投资者的偏好、价值观或道德准则，确定哪些发行人、行业或活动有资格或没有资格进入投资组合 ◆负面筛选：避开绩效最差的公司 ◆按标准筛选：采用现有框架 ◆正面筛选：纳入绩效最佳的公司	主题投资识别并将资本配置到与某些环境或社会效益相关的主题或资产，如清洁能源、能源效率或可持续农业
纳入方法	公司发行人：将实质性 ESG 因子纳入信用研究和评估、财务状况/比率预测和相对价值价差分析 主权/次级主权发行人：治理和政治因素长期以来一直是主权信用分析的一部分，社会和环境因素（如不平等、气候相关风险和能源转型）变得日益重要	根据投资者的偏好、价值观或道德准则，运用筛选标准选择或剔除候选投资清单上的发行人。筛选标准通常纳入或排除特定产品、服务或实践	公司发行人：选择应对可持续性挑战的发行人，或为可持续性项目融资的证券。可根据特定的债券标准（如绿色债券标准）进行认证 主权/次级主权发行人：投资将募集资金用于资助可持续性项目或预算项目的固定收益证券（如绿色主权债券）
特点	* 较全面地展现发行人面临的风险和机遇 * 适用于仅考量风险—收益状况的投资者 * 主要用于管理下行风险 * 可适应现有投资流程	* 可适应现有投资流程 * 通常出于道德原因，限制对某些工业、地理区域或发行人的投资 * 将不具有财务重要性的 ESG 因子或道德考量纳入投资决策	* 可适应现有投资流程 * 通常出于道德原因，限制对某些工业、地理区域或发行人的投资 * 将不具有财务重要性的 ESG 因子或道德考量纳入投资决策 * 引导资本流向促进环境、社会效益的发行人或证券 * 主要用于识别机遇

资料来源：联合国责任投资原则组织；中金固定收益研究：《ESG 在债券投资和评级中的实践与应用》，2021 年 11 月 24 日，https：//mp. weixin. qq. com/s/ZCw8CLeSwwdcxZCZFMnK6w。

与股票分析相比，将 ESG 因素纳入固定收益的分析有自身的特色，常见策略如表 6-4 所示。第一，从投资者的角度来看，股票和债券持有人参与公司治理的方式存在差异，债券投资者难以接触到公司内部管理层，也无法参与股东大会的决策投票，因此，与信用强度密切相关的公司治理因素在债券投资中更加重要，良好的公司治理应导致较高的信用评级和较低的债务成本。第二，从发行人的角度看，在固定收益投资中，主权（以及次主权和超国家）发行人与公司发行人有着本质的区别，对于主权国家发行人，投资者对社会因素的重视程度往往高于环境因素，因为政治稳定程度、国家政策变化等对一国的投资收益有着极为重要的影响，其中关键的社会因素包括人权、劳工标准、教育系统、医疗保健和人口统计等。第三，从风险的角度看，不同于股票投资专注于增长机会，债券投资更加注重潜在的下行风险，这就要求在投资过程中更加关注 ESG 因素对财务下行的影响，特别是可能影响发行人信用的重大事件风险和系统性风险。

表 6-4　将 ESG 议题纳入固定收益证券投资分析和决策的方法和策略

纳入方法	策略类型	策略描述
筛选法	负面筛选	排除 ESG 评估较差的发行人或证券，或根据特定标准排除
	正面筛选	选取 ESG 评估较好的发行人或证券
	按标准筛选	按照国际通行的最低标准审核投资标的，如联合国条约等
整合法	ESG 整合	将 ESG 因素纳入信用研究评估、财务预测、价差分析等过程
主题法	可持续发展主题投资	识别与投资支持可持续发展的发行人或证券，包括绿色债券、社会债券、可持续发展债券等

资料来源：巴曙松、王彬、王紫宇：《ESG 投资发展的国内外实践与未来趋势展望》，《福建金融》2023 年第 2 期。

（三）ESG 理念在私募股权投资中的应用

私募股权投资对 ESG 的重视程度在不断提升。全球长期资本在

PE 投资过程中对 ESG 政策和评估的整合范围和深度不断加强，将 ESG 因素纳入投资决策和流程是大势所趋。ESG 理念在私募股权投资中的应用包括两个层面：一是投资者（LP）对私募股权基金进行配置资产时，将 ESG 作为考核因素。二是私募股权基金在对企业进行投资时将 ESG 作为投资决策的重要因素，并在企业自身管理运营和对被投企业的管理中将 ESG 贯穿至发展的各个方面和阶段。

私募股权基金管理人进行 ESG 投资可分为募资、投资、管理、退出四个阶段。

私募基金的设立及募资阶段中，基金管理人可以在遵守相关法律法规的基础上，前期对基金有限合伙人的 ESG 投资理念进行调研。基金管理人可以了解基金有限合伙人是否具有 ESG 投资理念，若判断有限合伙人具有符合基金管理人要求的 ESG 投资理念，则在基金合伙协议中，可以明确将 ESG 投资理念以及责任投资理念纳入条款。

私募基金投资阶段应当重点关注目标公司的选择、投资决策及公司估值三大部分。基金管理人在目标公司的选择过程中，应当执行基金在设立募集阶段所确定的 ESG 投资理念，运用多种 ESG 投资决策方式，考察 ESG 投资因素与其他传统投资因素。在投资决策阶段，尽职调查起到重要的作用。私募基金应当通过尽职调查，对目标公司环境、社会责任、公司治理方面进行确认。在估值中，重点考量长期价值投资及社会责任投资因素，同时，也要结合相关的财务估值模型，进行综合判断。

投后管理包括投后监督和运营支持两部分。投后监督即基金管理人在投后阶段，要对投资协议中与目标公司进行的约定 ESG 事项进行监管。基金管理人可以通过参与公司治理的 ESG 投资策略，聘请外部顾问或者基金管理人组成专门的团队来定期对目标公司进行 ESG 相关指标的评估。运营支持即投资完成后，基金管理人应当运用自身所有的优势及经验，来帮助目标公司完成 ESG 发展目标。包括目标公司产业结构和产业布局的目标、公司治理结构的完善、公司环境保护责任、社会责任的履行等。

在私募基金退出阶段，基金管理人可以先运用尽职调查方式进行

ESG 评估，对目标公司的 ESG 价值进行评估，全面了解企业的状况，确保退出的程序顺利进行。

三　ESG 投资与超额回报率

投资有主动、被动之分，选择“主动领跑”的投资者往往关心是否能够跑赢大盘，也就是获得超额回报。在 ESG 投资领域也不例外，随着 ESG 投资的发展兴盛，其超额回报无疑成为学术界和业界讨论频率最高的问题之一。

（一）超额回报的定义

超额回报涉及组合回报率与无风险回报率两个变量，一般定义为组合回报率与无风险回报率之差。对于超额回报来源的解释，从定义来看就是资本资产定价模型（Capital Asset Pricing Model，CAPM），但此类单因子模型在近二十年来遭遇许多质疑。20 世纪 90 年代 Fama 和 French（1993）提出三因子模型，认为组合收益率受到市场因子、规模因子及价值因子的影响。其后，Carhart（1997）却发现，三因子模型忽略了动量因子，因而建立了四因子模型。这表示，在对超额收益进行归因分析时，超额收益通常都可以被市场、规模、价值及动量这四个因子所解释，而剩下未能被解释的回报率就是超额回报 alpha，这也是目前学术界比较有说服力的模型。ESG 投资经过各种策略的运用，最终体现为一个包含股票、债券、基金等单一或多种产品的资产组合，其与传统普通投资组合的区别主要是选股和择时，这往往被视作 ESG 投资的超额回报来源。

（二）ESG 投资超额回报存在性的争论

对于 ESG 投资中超额回报的存在与否，学术界与业界从 20 世纪 80 年代就开始了争论，各种文献和报告中选取不同的样本、基于多样的模型、采用各异的方法进行研究，看法和结论都不尽相同。

大多数学者对 ESG 投资超额回报的存在性持否定观点。根据 Markowitz 的现代投资组合理论，无论采取何种策略，只要在选股时进行了筛选，都会缩小投资组合的可选标的，使得无法得到有效前沿上的最优组合。另外，ESG 投资组合在前期需要花费更多的成本去筛选出符合要求的标的，后续还需要根据 ESG 三因素的变化持续调整组合，各类成本的增加会导致 ESG 投资组合综合的回报率低于普通投资组合。

对于市场上存在 ESG 超额回报的观点，学者质疑的点大多基于对单因子模型的辩驳。不少文章为了反映 ESG 投资能够产生超额回报，通常会对比 ESG 资产组合与被动基准指数的收益率走势图，凭借 ESG 资产走势图更高来证明其存在超额回报。但这种单因子模型只考虑了市场因素，剩余回报掺杂了规模、价值及动量三个因素，并不能分辨它是否由 ESG 投资所贡献。

学术界也存在不同的声音。Friede 等（2015）基于元分析探究 ESG 投资与公司财务绩效之间的关系，指出 ESG 投资在特定的市场和资产类别中，会存在超额收益的机会。但 Revelli 和 Viviani（2015）同样运用元分析方法，在对先前各研究结果中使用的数据、模型变量、统计方法、ESG 投资的期限、主题、市场及财务绩效度量等因素的分歧进行调整后，却得出不同的结论。他们指出，相较于传统投资组合，ESG 因素既不是优势，也不是劣势。Bauer 等（2005）则提出虽然 ESG 投资回报和传统投资回报之间存在短期落差，但如果把后续的“学习效果”考虑进去后，从更长的周期看，ESG 资产组合的表现更佳。

（三）回报与风险之外的第三维度——ESG 影响力

ESG 投资能否获得超额回报并无定论，即便如此，长期以来仍有不少组织和个人坚持和推崇此类投资策略，这是因为 ESG 投资产生的初衷并不全是为了利益回报，更不是为了超额回报，而更多的是受到价值观驱使，越来越多的人希望通过投资来达成超乎收益的一些社会目标。

美国 ESG 投资的行业组织就投资决策中纳入 ESG 因素的理由做过一个调查，其中，86%的受访机构将使命驱动作为最重要的理由，第二个原因是为了达成社会效益；第三个原因是为了把控风险；直到第四个原因才是为了追求更高的回报。传统的投资决策主要是在回报和风险两个维度上的权衡，而 ESG 投资还额外考虑了 ESG 影响力的社会效益，是在回报、风险和 ESG 影响力三维空间下做出最优选择，一些 ESG 理念支持者愿意为了支持公司的 ESG 行为而承担更大风险或舍弃部分回报。

考虑了第三个决策维度之后，邱慈观（2021）将投资人以颜色分类：完全不考虑资产 ESG 表现的传统投资人属于棕色投资人；有独立的 ESG 偏好、能从 ESG 里获得非金钱性效益的属于绿色投资人；还有一类介于两者之间的棕绿色投资人，他们在投资过程中纳入 ESG 信息，但仅仅是为了利用绿色信息更好地预估风险与回报。如此一来，ESG 投资能否获得超额回报就与市场上不同类型投资人的占比有关。如果棕色投资人占多数，ESG 表现良好的公司可能被低估，给 ESG 投资带来正的超额回报；如果绿色投资人较多，并且已经通过放弃部分回报率选择了 ESG 表现更好的公司，那么 ESG 投资组合的超额回报为负；而如果是棕绿色投资人占多数，那么 ESG 投资不存在超额回报。

在中国，随着市场实践的发展，不少机构和组织发布了相关研究或市场调查报告，如中国证券投资基金业协会以私募证券基金管理人为主的调查、华夏理财和深圳高等金融研究院以公募基金和证券公司为主的调查，以及中国责任投资论坛以个人投资者为主的调查。虽然调查对象不同，但在众多的报告中有着相似的结果，高达 85%以上的受访者对 ESG“没听说过、听过但不了解或尚未行动”。后续深入调查中不难发现，即使是已经实施 ESG 投资行为的投资者，看到的大多只是 ESG 信息的工具价值，认为其可以降低投资风险、提高投资收益，而非 ESG 本身的目的价值。因此，真正的绿色投资行为仍有待开发。

第三节　中国资产管理公司的 ESG 实践

一　公募基金：以易方达为例

易方达是国内责任投资的先行者和推动者。2017 年初，易方达就在行业内率先加入联合国责任投资原则（UN PRI）组织，并成为亚洲公司治理协会（ACGA）会员；2018 年初，易方达加入中英金融环境信息披露小组，成为小组仅有的两家资产管理试点机构之一；易方达还是中国金融学会绿色金融专业委员会常务理事单位。此外，公司专门组建了 ESG 研究小组，开展一系列的基础研究，包括气候变化和碳中和、产品安全和用户保护、员工保障和待遇等，在此基础上，提炼出针对中国企业的 ESG 评估。目前易方达已对所有重点公司进行了 ESG 评估覆盖，投资人可以在投研数据平台随时跟踪公司的 ESG 表现，将其作为投资决策的参考因素。

易方达于 2019 年 9 月推出公募市场上首只主动管理的 ESG 主题公募基金，首发规模达 14.81 亿元。该基金至少 80%的非现金资产投资于通过 ESG 方法选择的股票。此外，易方达积极用科技解决 ESG 相关问题，自主搭建了 ESG 科技平台。同时，针对气候风险，易方达与智库合作调研，纳入碳足迹数据，分析企业碳排放水平和环境成本。

易方达 ESG 研究员魏亦希指出，易方达相应的制度和流程正逐步完善，包括事前、事中、事后等环节：投前的股票筛选专门针对 ESG 产品做了 ESG 负面筛查清单，排除有重大的安全和环境污染的事故等类型的公司；投中的研究将 ESG 的评估融入股票池备选库，以具体的案例推进，ESG 评估涉及三级评估框架，超过 20 个实质化指标；从投后股东责任的角度，公司有较为完善的代理投票流程，投票决策需要从研究员到基金经理等达成一致意见，确保分析的逻辑清晰、客观、公正。

二　主权投资基金：以中投公司为例

中投公司 2021 年 11 月发布《可持续投资政策》，提出公司作为责任投资者在可持续投资方面所秉持的理念、遵守的原则和实施的方式；2021 年 12 月，公司董事会新设战略与社会责任委员会、风险管理委员会，并将薪酬委员会改为提名与薪酬委员会；2022 年 5 月发布《关于践行双碳目标及可持续投资行动的意见》，提出公司运营碳中和与投资组合碳减排目标，并将高质量推进可持续投资。2023 年，中投公司又制定发布了《运营碳中和行动计划》，该计划将以全员减排为基础、以造林增汇为补充，力争如期实现运营碳中和目标，助力经济社会低碳转型。

中投公司的形象在一定程度上代表着国家形象。作为在国际市场深耕十年的主权基金，中投公司既把责任投资者看作重大的责任和理念，更在实践中大力推动。总的来说，中投公司主要从如下角度落实可持续投资：第一，积极把握可持续主题投资机遇。在相对成熟且具备规模效应的公开市场股票，加大指数显性配置，捕捉积极投资机会；在非公开市场资产类别，确立可持续投资方向，探索挖掘相关项目，尤其侧重气候改善领域。第二，投资全流程嵌入 ESG 考量。从投资项目评估选择、尽职调查、投资决策到投后管理、项目退出，全面纳入 ESG 分析与评价。第三，不断优化负面清单机制。完善负面清单动态管理机制，恪守底线思维。第四，密切交流合作。与同业机构和相关组织积极开展沟通对话，跟踪研究 ESG 领域前沿动态，为可持续投资在华发展提供可资借鉴的机构经验；发挥主权财富基金示范引领作用，撬动私人部门资金支撑相关行业/实体，促进全球经济可持续发展。

三　保险公司：以中国人寿为例

2021 年底，中国人寿资产管理有限公司（以下简称国寿资产）在国内保险资管行业率先建立了 ESG 评价体系并发布首批评价实践成果。如图 6-3 所示，国寿资产 ESG 评价主要输出 ESG 评分，同步输出 ESG 关联度评分，丰富了 ESG 评价的内容，在业内具有领先性。目前，已完成近 700 家企业主体的 ESG 评价实践，相关主体既有上市公司也有发债主体，广泛覆盖申万一级 28 个行业和中国大陆全部省份，表现出良好的区分度。

另外，国寿资产较早部署前瞻战略，积极稳妥推进碳达峰碳中和。早在 2018 年 11 月，就签约加入联合国责任投资原则组织（UN PRI），成为中国第一家签署该原则并践行 ESG/绿色投资理念的保险资产管理公司。目前，国寿资产初步拟定了 2030 年绿色投资配置目标规划，在债券、股票、非标三大投资品种上共同发力，力争达到行业领先水平。截至 2022 年 12 月 31 日，公司绿色投资规模超过 4300

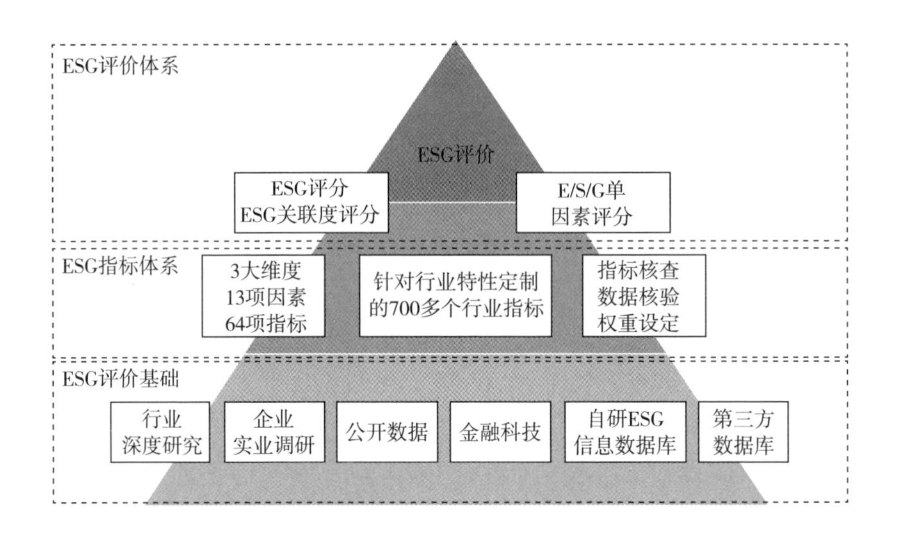

图 6-3　国寿资产 ESG 评价体系逻辑结构

资料来源：中国人寿资产管理有限公司：《业内首创！国寿资产率先建立 ESG 评价体系并实施评价实践》，2021 年 12 月 10 日，https：//www. clamc. com/single/10948/8390. html。

亿元。截至 2023 年第一季度末，国寿资产投资绿色债券超 2400 亿元，投资绿色另类项目超 1000 亿元，对绿色企业股票持仓超 160 亿元。

具体投资上，2021 年，国寿资产与国家电力投资集团等携手投资专注于清洁能源投资的电投清能一期碳中和股权投资（天津）合伙企业（有限合伙）（以下简称碳中和基金），国寿资产首笔出资 68 亿元。碳中和基金已获中诚信绿金公司最高等级（G-1）标准认证，是国内首只经绿色认证的绿色低碳产业投资基金。2022 年，通过出资“云南国企改革发展股权投资项目”90 亿元，用于投资云南省滇中引水工程有限公司股权，推动绿色金融与生态文明建设双循环。通过出资“中核 1 号股权投资项目”20. 53 亿元，成为中核汇能（中核集团旗下最核心的新能源开发建设与运营平台）第一大战略投资者和第二大股东。

此外，国寿资产还推出多个行业 ESG 指数，为投资者践行 ESG 投资理念提供参照基准。2021 年，公司推出国内保险资管行业首只

ESG 债券指数——中债—中国人寿资产公司 ESG 信用债精选指数。同年，公司再次推出国内保险资管行业编制的首只 ESG 权益指数——中证中国人寿资产公司 ESG 绿色低碳 100 指数。该指数结合公司 ESG 指数研发能力、中证指数公司 ESG 评价体系、A 股上市公司碳排放、绿色收入数据等编制而成，为 A 股市场 ESG 投资提供一个较好的参照基准，继续领先行业 ESG/绿色投资，以实际行动促进经济社会发展绿色转型。

第四节　中国 ESG 投资产品体系

一　ESG 投资产品概述

基于 ESG 理念和指数衍生出了 ESG 相关的金融投资产品，包括 ESG 债券、ESG 基金及 ESG 理财产品等，ESG 债券是目前市场规模最大的 ESG 投资产品，其债券种类主要可以分为绿色债券、社会（责任）债券、可持续发展及其相关债券。ESG 基金如果按照名称策略划分种类，可以分为纯 ESG 主题基金、ESG 策略基金、环保主题基金、社会责任主题基金及公司治理主题基金；如果按照投资理念划分，则可以分为被动型 ESG 基金和主动型 ESG 基金。ESG 理财产品主要由银行及其理财子公司发行，目前国内主要发行方包括农银理财和兴银理财等。通过在 ESG 领域的投资，既可以优选绿色经济、可持续发展等领域的投资标的，有效控制产品风险，也可以通过优质标的的资产增值获取投资收益。

二　ESG 债券

（一）ESG 债券市场概览

1. ESG 债券市场规模

参照国际资本市场协会（International Capital Market Association，ICMA）对 ESG 债券定义及认定标准，中国的 ESG 债券可以分为绿色债券和非绿色债券两类。目前的认定标准主要集中于绿色债券，其是指用于资助环境友好项目的债券产品，发行主要基于中国人民银行发布的《绿色债券支持项目目录（2021 年版）》以及中国证券业协会发布的《中国绿色债券原则》。非绿色债券又可分为社会债券和可持续发展及其相关债券，它们一般具备中国特色的标签，并且在一定程度上符合国际上对于 ESG 债券的认定标准。

国内 ESG 债券可以追溯至 2010 年。2010—2015 年，中国境内 ESG 债券发行数量极少。如图 6-4 所示，自 2016 年以来，国内 ESG 债券发行数量逐年上升，绿色债券处于绝对主导地位，其次为社会债券（2022 年社会债券居多，主要是由于地方政府发行了较多用于基建的社会事业债券或社会效应债券）。回看 2021 年和 2022 年，另外两类 ESG 债券（可持续发展债券及可持续发展挂钩债券）的增长速度更快，可见由于 ESG 投资理念与中国经济转型方向较为契合，未来 ESG 债券类型将逐步多元化。截至 2023 年 11 月 26 日，中国 ESG 债券市场总余额达到 58281 亿元。

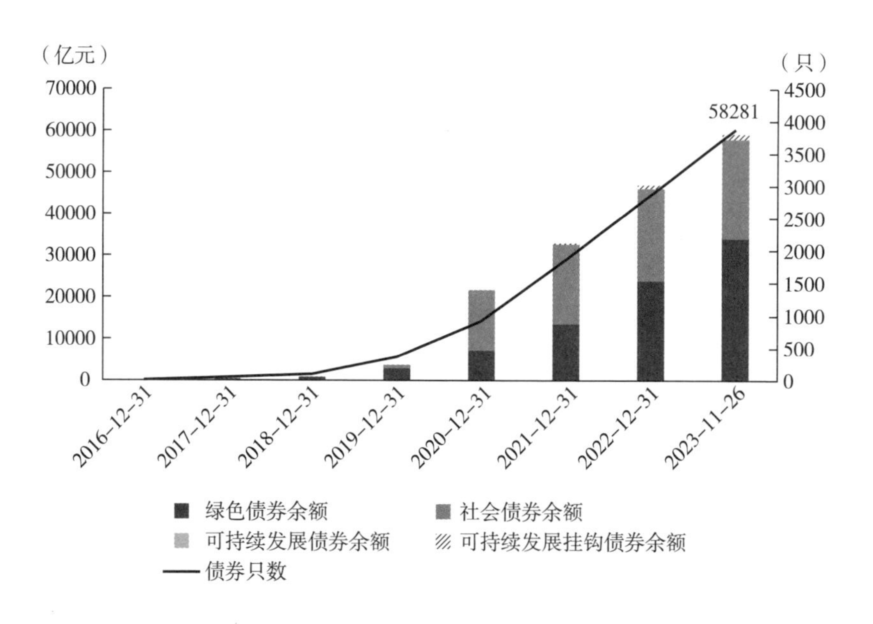

图 6-4　中国 ESG 债券存续数量及规模

资料来源：Wind。

2. ESG 债券的评估认证

ESG 债券评估认证是指评估认证机构对债券是否符合 ESG 的相关要求，实施评估、审查或认证程序，发表评估、审查或认证结论，并出具报告的过程和行为。

2017 年 12 月，中国人民银行及中国证监会联合发布《绿色债券评估认证行为指引（暂行）》（以下简称《行为指引》），对以绿色债券为主的 ESG 债券评估认证机构的机构资质、业务承接、业务实施、报告出具、监督管理等方面作出了具体要求，以促进中国 ESG 债券市场健康发展。

2022 年 9 月，绿色债券标准委员会发布《绿色债券评估认证机构市场化评议注册名单》，合计 18 家机构通过绿色债券标准委员会注册（见表 6-5），此举推动绿色债券评议的市场化进程，有助于加强绿色债券评估认证的行业规范、约束“洗绿”“漂绿”等行为，从而推动绿色债券市场高质量发展。目前，大部分已发行的绿色债券具有第三方评估认证，但是发改委监管的绿色企业债是由发改委下设相关部门进行专项认证，没有要求发行人聘请第三方机构进行单独认证，因此大部分绿色企业债发行人未启用第三方评估认证。

表 6-5　ESG 债券评估认证机构市场化评议注册名单

序号	机构名称
1	联合赤道环境评价公司
2	中诚信绿金科技（北京）有限公司
3	安永华明会计师事务所（特殊普通合伙）
4	远东资信评估有限公司
5	东方金诚信用管理（北京）有限公司
6	深圳鹏元绿融科技有限公司
7	绿融（北京）投资服务有限公司
8	普华永道中天会计师事务所（特殊普通合伙）
9	中节能衡准科技服务（北京）有限公司
10	中债资信评估有限责任公司
11	上海新世纪资信评估投资服务有限公司

续表

序号	机构名称
12	中国国检测试控股集团股份有限公司
13	北京中财绿融咨询有限公司
14	中国质量认证中心
15	晨星信息咨询（上海）有限公司
16	安融征信有限公司
17	北京商道融绿咨询有限公司
18	大公低碳科技（北京）有限公司

资料来源：绿色债券标准委员会：《绿色债券标准委员会公告〔2022〕第2号》，2022年9月21日。根据市场化评议结果排序。

（二）ESG 债券分类

1. 绿色债券

（1）绿色债券的定义与市场概况

绿色债券指募集资金专门用于支持符合规定条件的绿色产业、绿色项目或绿色经济活动，依照法定程序发行并按约定还本付息的有价证券。根据2022年7月发布的《中国绿色债券原则》中的规定，绿色债券的品种包括：①普通绿色债券，包含蓝色债券和碳中和债券，前者募集资金投向可持续型海洋经济领域，促进海洋资源的可持续利用，后者募集资金专项用于具有碳减排效益的绿色项目。②碳收益绿色债券（环境权益相关的绿色债券），募集资金投向符合规定条件的绿色项目，债券条款与水权、排污权、碳排放权等各类资源环境权益相挂钩的有价证券。例如产品定价按照固定利率加浮动利率确定，浮动利率挂钩所投碳资产相关收益。③绿色项目收益债券，募集资金用于绿色项目建设且以绿色项目产生的经营性现金流为主要偿债来源的有价证券。④绿色资产支持证券，符合《中国绿色债券原则》要求，募集资金用于绿色项目或以绿色项目所产生的现金流作为收益支持的结构化融资工具。

2016年以来，中国绿色债券规模增长较快（见图6-5）。截至2023年11月26日，2023年中国共发行767只绿色债券，规模达到

11286 亿元，余额总量达到 34057 亿元。

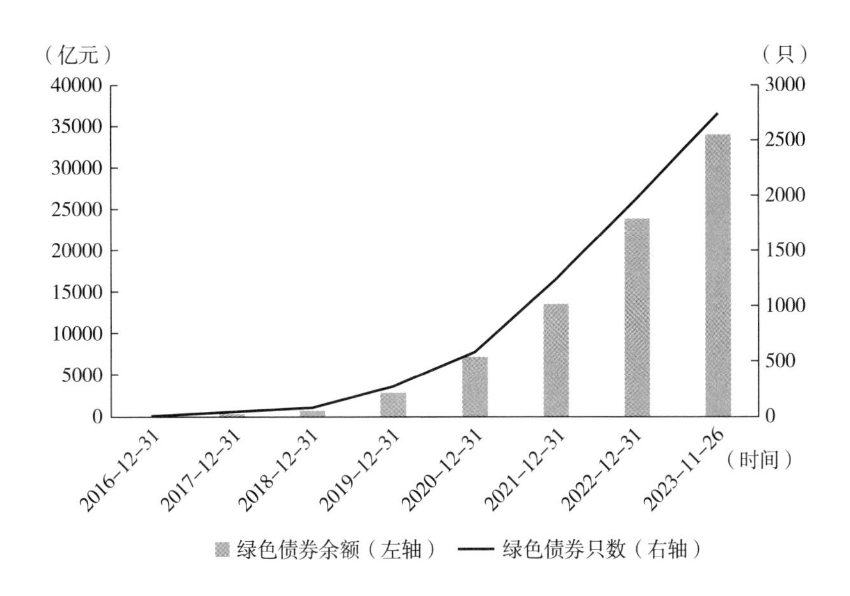

图 6-5　中国绿色债券存续数量及规模

资料来源：Wind。

（2）绿色债券的典型案例：20 青岛水务 GN001（蓝债）

在中国，深交所及上交所对蓝色债券的官方定义为：募集资金主要用于支持海洋保护和海洋资源可持续利用相关项目的绿色债券。发展此类债券可以进一步满足海洋环境保护的现实需求，加快建设海洋强国，是中国在绿色债券方面的又一次有效实践。

“20 青岛水务 GN001（蓝债）”是全球首例由非金融企业发行的蓝色债券，其全称为“青岛水务集团有限公司 2020 年度第一期绿色中期票据（蓝色债券）”，该债券于 2020 年 11 月由青岛水务集团有限公司（以下简称青岛水务）发行、兴业银行独立承销，发行规模 3 亿元，期限 3 年，票面利率 3.63%；募集资金用于青岛百发海水淡化厂扩建工程项目建设。在 2020 年发行蓝色债券募集资金后，2022 年 3 月青岛水务再次发行了一期相同期限、相同票面利率的蓝色债券，2 亿元募集资金中 1.95 亿元将用于青岛百发海水淡化厂扩建工程项目建设，其余将用于偿还发行人绿色中期票据利息，具体信息如表 6-6 所示。

表 6-6　　　　20 青岛水务 GN001（蓝债）信息

债券代码	132000035. IB	债券简称	20 青岛水务 GN001（蓝债）
交易市场	132000035. IB	债券类型	中期票据
质押券代码/简称	—/—	质押率	—
剩余期限（年）	—	发行期限（年）	3
加权剩余年限（按本息）（年）	—	海外评级	—
当期票面利率（%）	3. 63	最新评级（主体/债项）	AA/AA
发行价格/最新面值（元）	100. 0000/100. 0000	评级机构	中诚信国际信用评级有限责任公司
利率类型	固定利率	发行时主体评级	AA
付息频率	每 12 个月付息一次	发行时债项评级	AA
息票品种	附息	下一付息日	—
票面利率说明	3. 63%	距下一付息日（天）	—
上市状态	终止上市	下一行权日	—（—）
计息基础	A/A	缴款日期	2020-11-04
发行日期	2020-11-03	起息日期	2020-11-04
发行总额（亿）	3	上市日期	2020-11-05
债券余额（亿）	0	摘牌日期	2023-11-03
偿付顺序	普通	到期日期	2023-11-04
是否城投债	是	城投债行政级别	计划单列市
债券全称	青岛水务集团有限公司 2020 年度第一期绿色中期票据（蓝色债券）	内含特殊条款	交叉违约条款，资产池承诺
发行人	青岛水务集团有限公司	担保人	—
发行方式	公募	担保方式	—
注册文件号	中市协注［2020］GN26 号	增信情况	—
托管机构	银行间市场清算所股份有限公司	差额补偿人	—
募集资金用途	本次债券募集资金 3 亿元，用于青岛百发海水淡化厂扩建工程项目建设		

资料来源：同花顺。

青岛百发海水淡化厂扩建工程（二期）设计规模为 10 万立方米/日，采用“气浮+超滤+反渗透+矿化”工艺，历时 16 个月建设并调试完成，2022 年底完成竣工验收。该项目投运后，青岛百发海水淡化厂产能将达到 20 万立方米/日，成为国内最大的海水淡化市政供水示范项目，将进一步完善青岛市大供水体系，实现常规水与海水淡化水充分利用，形成多水源保障的优质供水新格局。此外，2023 年，该项目入围全球水奖“年度最佳海水淡化项目”，这是全国海水淡化工程首次入围该奖项。由此可以看出，蓝色债券为青岛水务和山东省蓝色经济发展提供了有效的融资工具，在推进青岛海水淡化及综合利用中起了重大作用。

通过政府、国际组织、企业、金融机构等相关主体在资本市场上的募资活动，蓝色债券汇聚投资者的资金，投向海洋保护与海洋资源可持续利用的项目。它不仅为海洋保护项目提供融资支持，也为投资者提供了一种与可持续发展目标相符的投资选择。从青岛水务发行的蓝色债券及后续的项目成果可以看到，蓝色债券已经成为推动海洋经济可持续发展的重要金融工具，助力我们实现经济繁荣与环境保护的共赢。

2. 社会债券

（1）社会债券的定义与市场概况

社会债券（Social Bond）指将募集资金或等值金额专用于为新增或现有合格社会责任项目提供部分或全额融资或再融资的各类型债券工具。根据国际资本市场协会（International Capital Market Association，ICMA），社会债券需具备社会债券原则（Social Bond Principles，SBP）中提出的四大核心要素：募集资金使用、项目评估和遴选、募集资金管理以及信息披露。2021 年 11 月，中国交易商协会发布了《关于试点开展社会责任债券和可持续发展债券业务的问答》，明确了中国社会债券的四大核心要素以及其他试点要求，为银行间市场贴标社会债券试点发行做好了制度上的准备。

从全球市场来看，2022 年全球社会债券发行规模合计 1303 亿美元，同比下降 41%。主要原因是 2021 年发行的社会债券主要基于疫情主题，用于保障就业、支撑居民收入和恢复经济。随着疫情对经济活动的影响减弱，发行人的疫情融资需求降低，导致 2022 年社会债券发行规模大幅度下滑。从中国市场看，2020 年总发行额达到峰值，高达 21225 亿元，2021 年来有所回落，截至 2023 年 11 月 26 日，2023 年共发行 231 只社会债券，发行规模为 1907 亿元，规模仅为绿色债券的 17%左右；余额总量达到 23850 亿元，具体信息如图 6-6 所示。

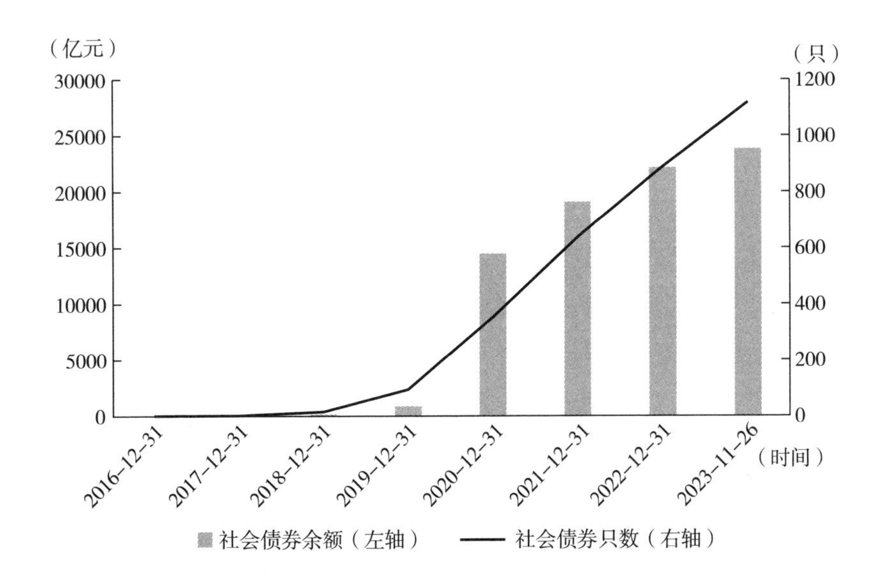

图 6-6　中国社会债券存续数量及规模

资料来源：Wind。

（2）社会债券的典型案例：22 圣牧 SCP001（社会责任）

“22 圣牧 SCP001（社会责任）”是全国首单社会债券以及首单配售信用风险缓释凭证（CRMW）的民营企业熊猫债，其全称为“中国圣牧有机奶业股份有限公司 2022 年度第一期超短期融资券（社会责任债券）”，债券代码 012284430. IB。该超短期融资券于 2022 年 12 月由中国圣牧有机奶业有限公司（以下简称中国圣牧）发行、兴业银行主承销，金额为 1 亿元，期限 0. 2466 年，票面利率 3. 95%；

募集资金主要用于向偏远地区的农户及农业合作社采购饲草料，从而帮扶低收入群体获得稳定收入，巩固脱贫攻坚成果，促进乡村振兴，具体信息如表 6-7 所示。

表 6-7 22 圣牧 SCP001（社会责任）信息

债券代码	012284430. IB	债券简称	22 圣牧 SCP001（社会责任）
交易市场	012284430. IB（银行间债券市场）	债券类型	短期融资券-超短期融资券（SCP）
质押券代码/简称	—/—	质押率	—
剩余期限（年）	—	发行期限（年）	0. 2466
加权剩余年限（按本息）（年）	—	海外评级	—
当期票面利率（%）	3. 95	最新评级（主体/债项）	AA/—
发行价格/最新面值（元）	100. 0000/100. 0000	评级机构	中诚信国际信用评级有限责任公司
利率类型	固定利率	发行时主体评级	AA
付息频率	—	发行时债项评级	—
息票品种	到期一次还本付息	下一付息日	—
票面利率说明	3. 95%	距下一付息日（天）	—
上市状态	终止上市	下一行权日	—（—）
计息基础	A/A	缴款日期	2022-12-27
发行日期	2022-12-23	起息日期	2022-12-27
发行总额（亿元）	1	上市日期	2022-12-28
债券余额（亿元）	0	摘牌日期	2023-03-24
偿付顺序	普通	到期日期	2023-03-27
是否城投债	否	城投债行政级别	—
债券全称	中国圣牧有机奶业有限公司 2022 年度第一期超短期融资券（社会责任债券）	内含特殊条款	—
特殊条款说明	—		
发行人	中国圣牧有机奶业有限公司	担保人	—

续表

债券代码	012284430. IB	债券简称	22 圣牧 SCP001（社会责任）
发行方式	公募	担保方式	—
注册文件号	中市协注［2022］SCP422 号	增信情况	—
托管机构	银行间市场清算所股份有限公司	差额补偿人	—
募集资金用途	本次债券募集资金 1 亿元，用于偿还金融机构有息债务		

资料来源：同花顺。

该债券的成功发行不仅体现出中国圣牧积极发挥自身在畜牧业、乳制品行业的优势履行社会责任，也反映了社会债券在推动企业转型升级，引导金融资源支持社会可持续发展中的重要作用。具体而言，社会债券创新了资金募集渠道，有助于弥补可持续发展领域的资金缺口，搭建社会资金供需桥梁，促进可持续发展投融资畅通；同时彰显企业社会责任担当，实现投资回报与社会贡献双重收获。党的二十大报告重点部署了实施就业优先战略、健全社会保障体系和推进健康中国建设等方面的工作，在这些方面，社会债券都大有可为。

3. 可持续发展及其相关债券

（1）可持续发展及其相关债券的定义与市场概况

可持续发展及其相关债券包括可持续挂钩债券及低碳转型挂钩债券等，其中可持续发展挂钩债券（Sustainability-Linked Bond，SLB）是指将债券条款与发行人可持续发展目标相挂钩的债务融资工具。可持续发展挂钩债券 2019 年起源于欧洲，依据 2020 年 6 月 ICMA（The International Capital Market Association）出台的《可持续发展挂钩债券原则》（以下简称《原则》），可持续发展挂钩债券应满足五大核心要素，包括关键绩效指标（KPI）遴选、可持续发展绩效目标（SPT）的校验、债券特性、报告以及验证。2021 年 4 月 28 日，中国银行间交易商协会推出可持续发展挂钩债券，并汇总整理形成《可持续发展挂钩债券（SLB）十问十答》（以下简称《十问十答》），在《原则》的基础上结合了现有自律规则与国内实际情况进行总结梳理。

与前两种债券相比，可持续发展及其相关债券的起步和规模都更小，截至 2023 年 11 月 26 日，2023 年共发行可持续发展债券及可持续发展挂钩债券 54 只，发行规模为 404 亿元，余额为 1301 亿元，具体信息如图 6-7 所示。

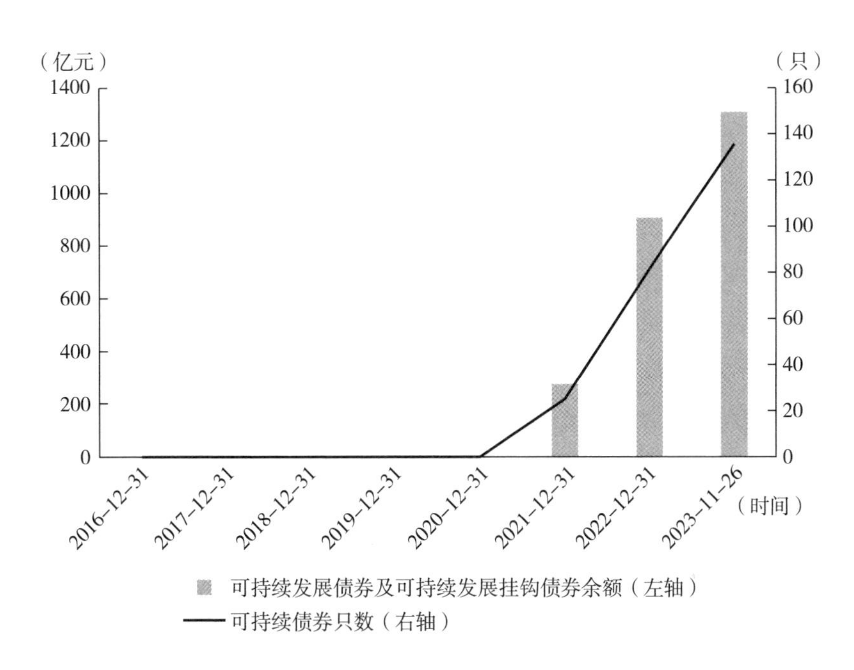

图 6-7 中国可持续发展及相关债券存续数量及规模

资料来源：Wind。

（2）可持续发展及其相关债券的典型案例：21 红狮 MTN002（可持续挂钩）

“21 红狮 MTN002（可持续挂钩）”是国内首批发行成功的可持续发展挂钩债券之一，同时也是全国首单民营企业可持续发展挂钩债券，其全称为“红狮控股集团有限公司 2021 年度第二期绿色中期票据（可持续挂钩）”，债券代码 102100941. IB。该债券于 2021 年 5 月由红狮控股集团有限公司（以下简称红狮集团）发行、中国农业银行主承销，金额为 3 亿元，期限 3 年，票面利率 4. 38%，具体信息如表 6-8 所示。

表 6-8　　21 红狮 MTN002（可持续挂钩）信息

债券代码	102100941. IB	债券简称	21 红狮 MTN002（可持续挂钩）
交易市场	102100941. IB（银行间债券市场）	债券类型	中期票据
质押券代码/简称	—/—	质押率	—
剩余期限（年）	0. 459	发行期限（年）	3
加权剩余年限（按本息）（年）	0. 4603	海外评级	—
当期票面利率（%）	4. 38	最新评级（主体/债项）	AAA/—
发行价格/最新面值（元）	100. 0000/100. 0000	评级机构	中诚信国际信用评级有限责任公司
利率类型	累进利率	发行时主体评级	AAA
付息频率	每 12 个月付息一次	发行时债项评级	—
息票品种	附息	下一付息日	2024-05-10
票面利率说明	20210510-20230509，票面利率：4. 38%；20230510-20240509，票面利率：4. 58%	距下一付息日（天）	168
上市状态	正常上市	下一行权日	—（—）
计息基础	A/A	缴款日期	2021-05-10
发行日期	2021-05-06	起息日期	2021-05-10
发行总额（亿元）	3	上市日期	2021-05-11
债券余额（亿元）	3	摘牌日期	2024-05-09
偿付顺序	普通	到期日期	2024-05-10
是否城投债	否	城投债行政级别	—
债券全称	红狮控股集团有限公司 2021 年度第二期绿色中期票据（可持续挂钩）	内含特殊条款	调整票面利率条款
特殊条款说明	1. 调整票面利率条款：本期债务融资工具票面利率与可持续发展绩效目标进行挂钩，若发行人未按约定实现可持续发展绩效目标，则第 3 个计息年度的票面利率调升 20BP		
发行人	红狮控股集团有限公司	担保人	—
发行方式	公募	担保方式	—
注册文件号	中市协注［2020］MTN338 号	增信情况	—

续表

债券代码	102100941. IB	债券简称	21 红狮 MTN002（可持续挂钩）
托管机构	银行间市场清算所股份有限公司	差额补偿人	—
募集资金用途	本次债券募集资金 3 亿元，拟偿还的银行借款		

资料来源：同花顺。

与本期债务融资工具票面利率挂钩的可持续发展绩效目标为：2023 年末，红狮集团单位水泥生产能耗降至 77 千克标准煤/吨（见表 6-9）；若该集团未实现可持续发展绩效目标，将触发票面利率调升条款。根据红狮集团的规划，未来将新建南宁红狮二期、祥云建云二期、赫章、印尼东加里曼丹红狮 4 个水泥生产项目，拟建高安田南红狮、永州莲花 2 个项目，合计年产量 1720 万吨。新建项目主要采用大型新型干法生产工艺，并全部配套纯低温余热发电。同时，红狮集团计划改造 8 条水泥窑生产线，进一步提升节能减排技术水平。

表 6-9　红狮集团 2018 年至 2023 年（预计）单位水泥生产能耗

指标	2018 年	2019 年	2020 年	2021 年	2022 年	2023 年（预计）
单位水泥生产能耗（kgce/t）	80.4	80.3	80.1	79.4	77.8	77
单位水泥生产能耗降幅（kgce/t）	—	0.1	0.2	0.7	1.6	0.8

资料来源：红狮控股集团有限公司：《红狮控股集团有限公司 2021 年度第二期中期票据（可持续挂钩）募集说明书》，2021 年；红狮控股集团有限公司：《红狮控股集团有限公司关于“21 红狮 MTN002（可持续挂钩）”的可持续发展挂钩债券 2022 年度专项报告》，2022 年。

红狮集团新建项目中采用的新型干法水泥生产工艺具备节能、降耗、环保、经济效益好、自动化和集约化程度高等优势，并且符合国家产业发展政策；同时通过节能技改，不仅能减少煤炭的使用从而节省成本，同时还能减少二氧化碳等气体的排放从而缓解温室效应；可持续发展挂钩债券的发行能够激励红狮集团进行水泥生产工艺转型升级及节能技改，同时这也是水泥工业进行结构调整、实现可持续发展的必经之路。总体而言，可持续发展挂钩债券的推出有助于支持高碳行业转型发展。从发行端来看，可持续发展挂钩债券无特定募集资金用途要求，为前期无法发行绿色债券的企业提供了参与可持续债券市场的机会，并展示企业的可持续发展态度和良好形象。从投资端来看，其较高的信息披露要求有助于投资人全面评估和理解，同时也能有效督促发行人实现可持续发展目标，吸引多元化投资人。

三　ESG基金

（一）ESG基金市场概览

目前，国内ESG基金的分类规则还在完善当中，主要的分类方法包括基于名称策略的ESG基金识别方法。在这种方法下ESG基金可以分为ESG主题基金和泛ESG主题基金。ESG主题基金包括纯ESG主题基金和ESG策略基金；泛ESG主题基金包括环境保护主题基金、社会责任基金和公司治理主题基金。在投资目标、投资范围、投资策略、投资重点、投资标准、投资理念、决策依据、组合限制、业绩基准、风险揭示中，明确将ESG投资策略作为主要策略的基金为纯ESG主题基金，作为辅助策略的基金为ESG策略基金；如果主要考虑的是环境保护、社会责任、公司治理主题之一，则属于泛ESG主题基金。大部分ESG主题基金采用ESG整合、正面筛选、负面筛选的投资策略或以上策略相结合的方式建立股票池，最后结合基本面和价值分析确定最终投资选择；而泛ESG主题基金则主要采用主题投资。此外，还可以根据投资方式的不同分为主动型ESG基金和被动型ESG基金。

2015—2019年ESG投资基金数量稳步上升，从77只增长至126只；自2020年起，每年新发ESG投资基金数量持续大幅上升。截至2023年11月26日，ESG基金数量已经达到494只，规模达到5263.48亿元。ESG投资基金管理规模整体呈现出上升趋势，2022年受市场整体行情影响较2021年下降13.72%，至5991.74亿元，但仍然显著高于2020年水平，具体信息如图6-8所示。按基于名称策略的ESG基金识别方法进行分类，ESG主题投资基金中，环境保护主题类基金最多，共有217只，规模达到2448.92亿元，占46%，具体信息如图6-9所示。

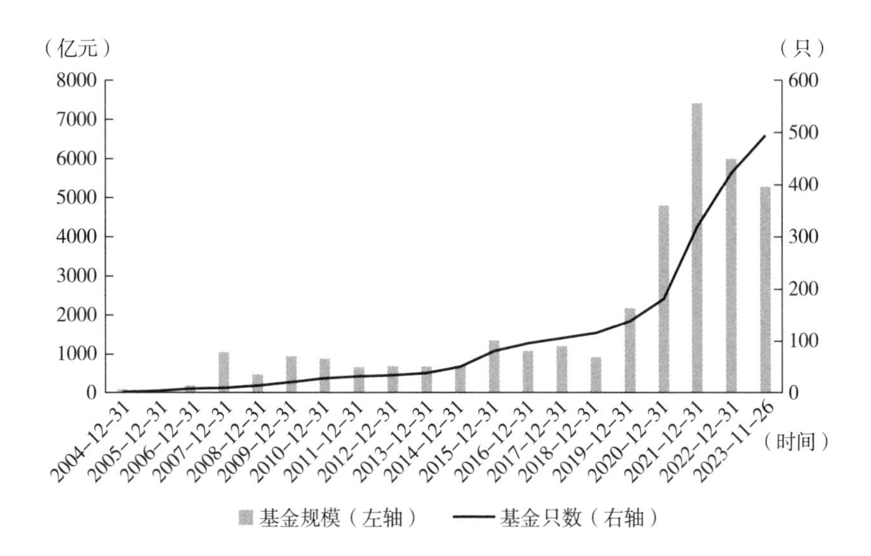

图 6-8　中国 ESG 基金存续数量及规模

资料来源：Wind。

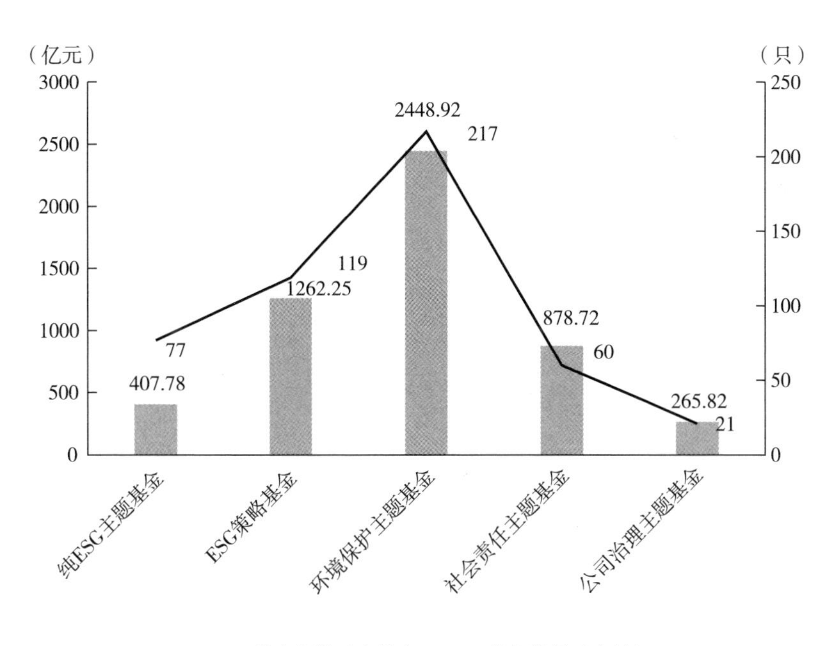

图 6-9　中国 ESG 子类基金存续数量及规模

资料来源：Wind。

（二）ESG 基金分类

1. 被动型 ESG 基金

（1）ESG 指数产品

被动型基金主要是通过选择特定的指数、不主动寻求超越市场而是试图完全复制和跟踪指数表现的一类基金，指数基金是最常见的被动型基金。在 ESG 基金中，以指数型基金为主的被动型基金产品数量也在逐年提升，逐渐成为最重要的 ESG 基金产品类别之一。中国 ESG 主题指数型基金发展起步较晚，初期发行数量较小，但近年来增长趋势明显，自 2020 年起每年新增数量较之前大幅增加；2022 年，新增 ESG 主题指数型基金 84 只，中国全市场共存有 ESG 主题指数型基金 356 只，具体信息如图 6-10 所示。

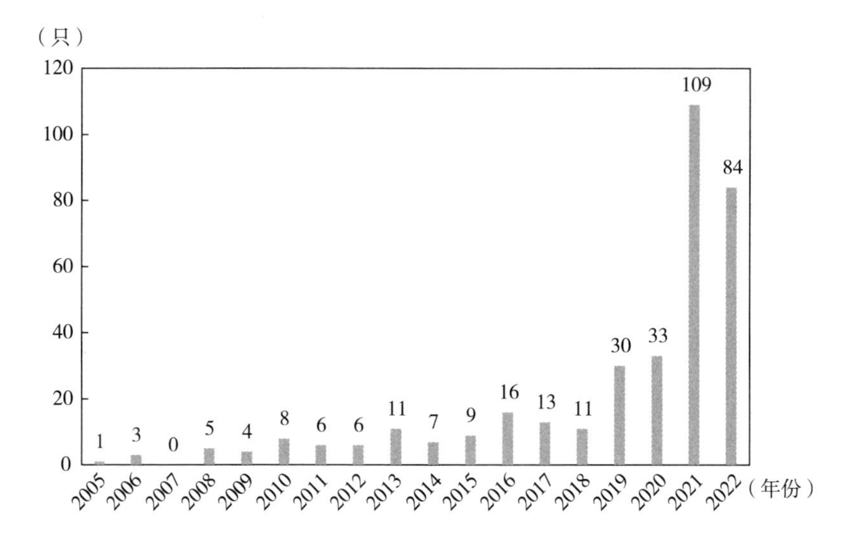

图 6-10　指数型 ESG 基金数量

资料来源：中央财经大学绿色金融国际研究院、每日新闻联合：《中国上市公司 ESG 行动报告（2022—2023）》，2023 年。

按照 ESG 指数的编制策略方法可将指数产品大致分为三类：①以 ESG 评分作为剔除或筛选标准：剔除 ESG 排名靠后的股票或筛选 ESG 排名靠前的股票；②将 ESG 评分作为因子之一，结合估值、股息、质量、市场因子、成长因子、自由流通市值等因素计算综合得分，筛选分数靠前的股票；③使用特定的 ESG 信息：针对上市公司在 E、S、G 方面的单项得分进行剔除或筛选，或针对某些特定行业 ESG 表现，具体如表 6-10 所示。

表 6-10　　ESG 指数产品介绍

指数机构	指数名称	母指数	ESG 策略		成分股数量（只）	调整周期
深交所	深指 ESG	深证成指	负面剔除	剔除母指数成分股国证一级行业内 ESG 评分排名后 20%的股票	400	半年
	深指 ESG 领先		正面筛选	选取母指数成分股 ESG 评分排名前 200 名股票	200	
	创指 ESG	创业板指	负面剔除	剔除母指数成分股国证一级行业内 ESG 评分排名后 20%的股票	80	
中证	300ESG	沪深 300	负面剔除	剔除中证一级行业内 ESG 分数最低的 20%的上市公司股票	235	半年
	300ESG 领先		正面筛选	选取 ESG 分数最高的 100 只上市公司股票	100	半年
	ESG120 策略		负面剔除	剔除 ESG 分数较低的股票，依据估值、股息、质量与市场因子分数计算综合得分，选取综合得分较高的 120 只股票	120	半年
	华夏银行 ESG		负面剔除	剔除 ESG 分数较低的股票，依据估值、股息、质量与市场因子分数计算综合得分，选取综合得分较高的代表性股票	126	半年
	300ESG 价值		正面筛选	选取 ESG 分数较高且估值较低的 100 只上市公司股票	100	半年
	兴业证券 ESG 盈利 100	—	正面筛选	选取 ESG 分数较高且 ROE 较高的 100 只上市公司股票	100	半年
	500ESG	中证 500	负面剔除	剔除中证一级行业内 ESG 分数最低的 20%的上市公司股票	392	半年

续表

指数机构	指数名称	母指数	ESG 策略		成分股数量（只）	调整周期
Wind	万得陆股 A 可持续 ESG	万得陆股 A200	正面筛选	选取 ESG 评分最高的前 100 只个股，个股最高权重不超过 8%	100	季度
	万得全 AESG 领先	万得全 A 指数	正面筛选	选取 Wind ESG 评级较高的股票（总数不超过 300 只）作为样本	300	季度
华证	华证 ESG	华证 A 指	负面剔除 正面筛选	剔除 ESG 综合评级在 BB 级以下，E、S、G 任一指标存在明显尾部风险的股票；从各一级行业中选取 ESG 综合得分靠前的股票	300	季度
	华证 ESG 领先		负面剔除 正面筛选	剔除 ESG 评级 BB 级以下，E、S、G 任一指标有明显尾部风险的股票：按照 ESG、质量因子、低波动因子综合得分排序取优	300	季度
	大盘 ESG	华证大盘	负面剔除	剔除 ESG 得分处于后 20%的股票；尾部风险为警告和严重警告的公司的股票：E、S、G 任一指标得分处于后 20%的股票	212	半年
新华财经	CN-ESG 策略 50	新华 500 指数	ESG 整合	在 CN-ESG 评分的基础上引入盈利因子	50	—
	CN-ESG 优选 300		正面筛选	选择 ESG 评分较高的 300 只股票形成指数	300	—
明晟	MSCI ESG 通用	MSCI A 股	负面剔除	剔除 ESG 评级比较差的标的，根据评级对剩余股票权重进行调整	—	—

资料来源：根据公开资料整理。

（2）指数型 ESG 基金的典型案例

2009 年，第一只追踪社会责任指数的基金产品“交银 180 治理 ETF（510010. OF）”成立并在上交所上市，其全称为“上证 180 公司治理交易型开放式指数证券投资基金”，选择的指数是上证 180 公司治理。基金管理人为交银施罗德基金管理有限公司，基金托管人为中国农业银行股份有限公司。截至 2023 年 11 月 24 日基金总份额为 162524400 份，资产净值为 2.2 亿元。该基金的投资目标为紧密跟踪标的指数，追求跟踪偏离度与跟踪误差最小化。投资策略采用完全复制法，跟踪上证 180 公司治理指数，以完全按照标的指数成分股组成及其权重构建基金股票投资组合为原则，进行被动式指数化投资。股票在投资组合中的权重原则上根据标的指数成分股及其权重的变动而进行相应的调整。但在因特殊情况（如流动性不足等）导致无法获得足够数量的股票时，基金管理人将搭配使用其他合理方法进行适当的替代。业绩比较基准是上证 180 公司治理指数。自基金合同生效以来，基金份额累计净值增长率变动及其与同期业绩比较基准收益率变动的比较如图 6-11 所示，总体而言，ETF 净值走势与跟踪指数较为相近，2019 年之后整体表现要好于基准指数，尤其是在 2021 年 4 月进行了基金经理变动之后。

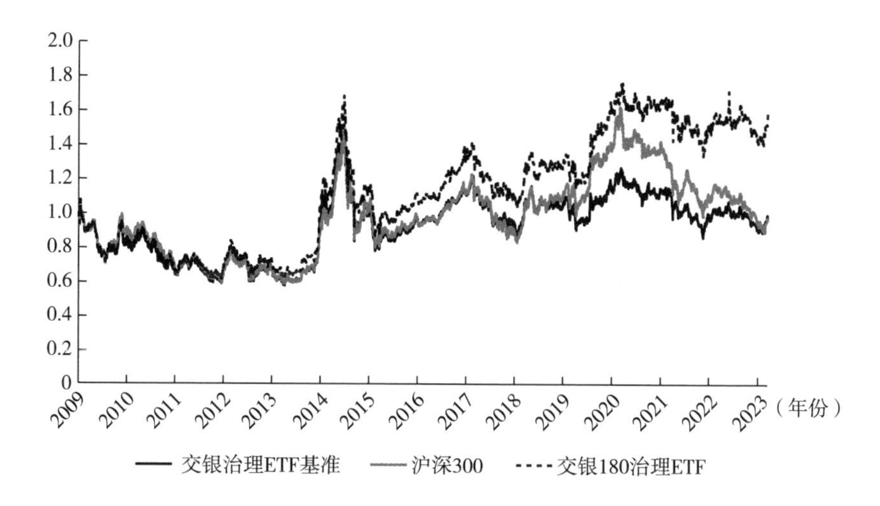

图 6-11　交银上证 180 公司治理 ETF 累计净值增长率与同期业绩比较基准收益率的历史走势对比

资料来源：Wind。

此后，随着 ESG 概念在国内的逐渐兴起，中证、中债、上证等指数公司相继构建并发布了一系列 ESG 指数，而基金公司紧随其后围绕这些 ESG 指数推出 ESG 主题指数型基金，推动中国 ESG 投资的指数化实践更进一步台阶，表 6-11 展示了部分基金的相关信息。

表 6-11　　中国 ESG ETF 简介

	交银 180 治理 ETF	建信上证社会责任 ETF	广发中证环保产业 ETF	博时可持续发展 100ETF
证券代码	510010. OF	510090. OF	512580. OF	515090. OF
成立日期	2009-09-25	2010-05-28	2017-01-25	2020-01-19
标的指数	上证 180 公司治理指数	上证社会责任指数	中证环保产业指数	中证可持续发展 100 指数
基金规模（合计亿元）	2. 88	0. 79	17. 61	12. 13
总费率（%）	0. 60	0. 60	0. 60	0. 60

注：截止日期：2020-06-30；总费率=申购费率+赎回费率+管理费率+销售服务费率。
资料来源：Wind。

2. 主动型 ESG 基金

（1）主动型 ESG 基金概况

主动权益基金是主动型 ESG 基金的主要投资类型，包括普通股票型和偏股混合型两类 ESG 基金。主动权益基金于 2021 年规模显著扩张。由于 2015 年牛市行情之后的回落，ESG 主动权益基金规模小幅下降，直到 2020 年规模突增，2021 年基金规模较 2020 几乎翻倍。主动权益基金数量存量逐年稳步上升，其中泛 ESG 基金中 E 主题的基金数量最多。2020 年新成立的泛 ESG 基金主要和新能源主题相关，这主要和顶层碳中和政策以及新能源相关政策和基本面催化下的 A 股市场结构性行情有关。截至 2023 年 9 月 28 日，ESG 主题基金和泛 ESG 主题基金中的主动权益基金总共达 242 只，在基金总数中占 49. 49%。

（2）主动型 ESG 基金的典型案例

“财通可持续发展主题（000017. OF）”全称为“财通可持续发展主题混合型证券投资基金”，成立于 2013 年 3 月 27 日。截至 2023 年 9 月 30 日，基金总份额 89570828 份，基金规模 9. 43 亿元，该基金托管人为中国工商银行股份有限公司。财通可持续发展主题主要采用一次负面筛选—二次负面筛选—正面筛选的投资策略构建股票池，具体做法如下：①一次负面筛选：首先评估公司的历史主营业务利润率水平和资产收益率水平，剔除过往可持续发展状况排名靠后的20%公司股票；②二次负面筛选：对影响公司可持续发展的主要风险因素进行分析，剔除各行业内可持续发展风险度综合排名较高的20%公司股票；③正面筛选：通过重点分析公司的核心竞争力评估公司的可持续发展状况，选择各行业内的可持续发展动力综合评估排名靠前的50%公司的股票，形成本基金的可持续发展公司股票池。财通可持续主题阶段回报情况如表6-12所示。

表 6-12 财通可持续发展主题阶段回报情况 单位：%

日期区间（截至 2023-11-24）	近半年	近 1 年	近 3 年	近 5 年	成立以来
财通可持续发展主题	-9.79	-15.50	-36.01	45.93	193.88
财通可持续发展主题基准	-6.33	-3.89	-21.51	16.03	45.60
沪深 300	-8.32	-5.82	-28.87	12.55	37.40

资料来源：Wind。

截至2023年9月30日，财通可持续发展主题的资产配置如图6-12所示：以股票为主，占比为89.03%；其次是现金，占比为6.96%；最后是其他资产，占比仅为4.01%。

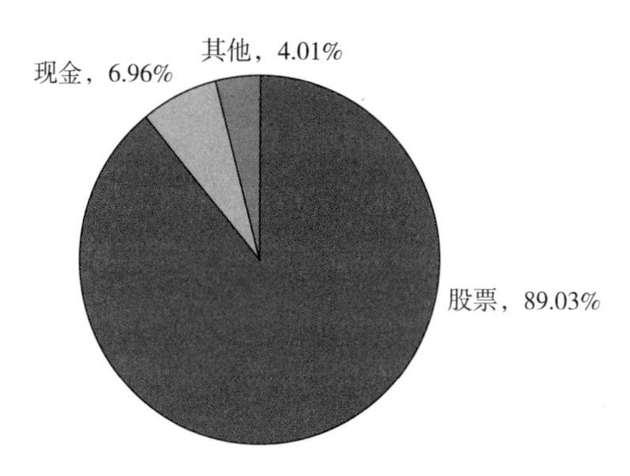

图 6-12 财通可持续发展主题的资产配置

资料来源：Wind。

财通可持续发展主题的行业配置以制造业为主，占比为 34.83%；其次是信息传输软件和信息技术服务业，占比为 24.99%；电力、热力、燃气及水生产和供应业占比为 10.73%；其余产业占比为 29.45%。

四 ESG 理财产品

（一）ESG 理财产品市场概览

ESG 理财产品是一类具有绿色发展理念的理财产品，旨在投资于符合 ESG 标准的公司或项目，不仅能实现财务回报，同时对环境、社会和治理能产生积极的影响。目前，银行及银行理财子公司是 ESG 理财产品的主要发行机构，产品类型包括固定收益类、混合类和权益类等。投资范围涉及绿色债券、绿色基金、可持续发展主题基金等。ESG 理财产品和 ESG 基金主要有两点区别：首先是发行机构不同。ESG 理财产品主要由银行及其理财子公司发行，而 ESG 基金主要由基金公司发行。其次是投资标的不同。ESG 理财产品更侧重于固定收益类的投资如债券，而 ESG 基金则更侧重于权益类的投资如股票（见表 6-13）。

表 6-13　　ESG 理财产品与 ESG 基金主要区别对比

	ESG 理财产品	ESG 基金
发行机构	银行及其理财子公司	以基金公司为主
投资标的	以债券为主的固定收益类资产为主	以股票为主的权益类资产为主

资料来源：根据公开资料整理。

近年来，ESG 主题银行理财产品数量和募集规模不断增加。据 Wind 数据，截至 2023 年 11 月 26 日，ESG 主题理财产品存续数量达到 434 只（见图 6-13）。

从发行机构来看，农银理财和兴银理财积极布局发售该类产品，是主要的发行机构。2022 年度，农银理财 ESG 理财产品发行数量和实际募集规模明显高于其他机构（见图 6-14），31 只新发产品的总体募集规模达 228.54 亿元，其中固定收益类 ESG 产品规模占比近 80%；兴银理财次之，20 只新发产品的总体募集规模达 35.86 亿元，均为固定收益类产品。在存续产品市场中同样是以农银理财及兴银理财为主，产品数量分别为 43 只和 39 只。根据披露的规模数据来看，农银理财和兴银理财的存续规模远高于其他机构，分别达 492.18 亿元和 385.57 亿元。

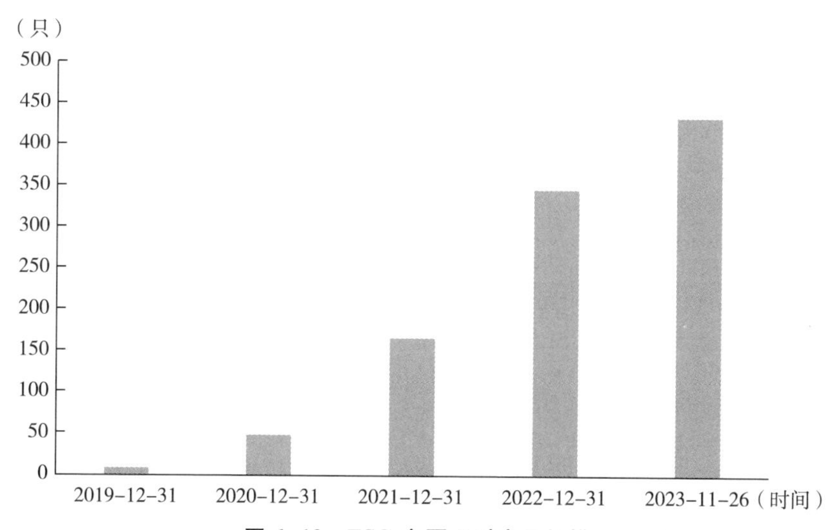

图 6-13 ESG 主题理财产品规模

资料来源：Wind。

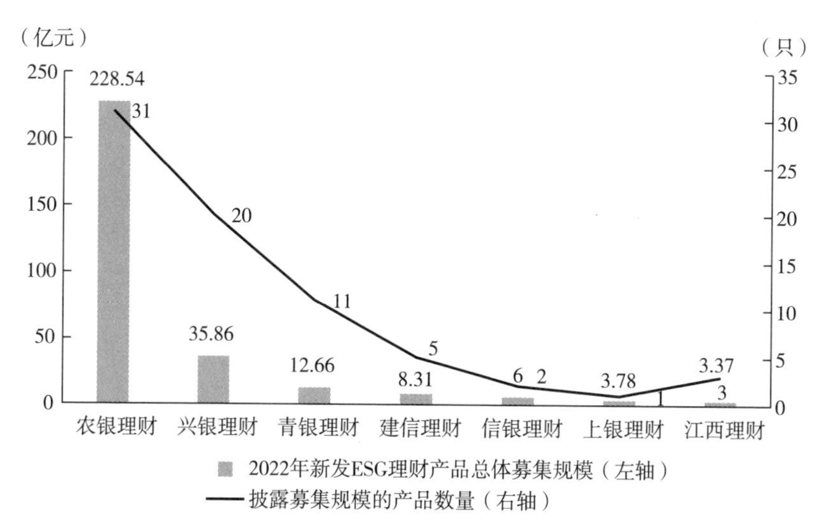

图 6-14 2022 年新发 ESG 理财产品总体募集规模前 7 的机构情况

资料来源：普益标准。

（二）ESG理财产品的典型案例：以兴银理财为例

各银行及其理财子公司的ESG理财产品基于ESG的投资理念，选择多样的ESG投资策略，如负面筛选、正面优选、跟踪指数等方式，投资绿色债券、ESG主题基金、符合ESG理念的股票，以及碳达峰、碳中和相关投资标的等ESG属性较强的资产（见表6-14）。部分机构构建了ESG指数，旨在为客户争取投资回报的同时，充分践行ESG可持续发展投资理念。

表6-14　部分机构ESG产品投资策略

产品	投资策略
农银理财	优先投资于ESG表现良好的投资标的，规避和退出ESG表现不佳的投资标的；优先投资于绿色环保产业（清洁能源、节能环保以及生态保护等），兼顾扶贫、乡村振兴、小微企业支持、"一带一路"、民企纾困、高质量发展等领域
兴银理财	绿色投资筛选策略：债券部分，侧重于投资符合绿色投资理念的债券，推动绿色产业发展；股票部分，侧重于清洁能源产业、环保产业以及其他产业中积极履行环境责任、致力于向绿色产业转型或在绿色相关产业发展过程中作出贡献的公司； ESG标准筛选策略：重点优先考虑涉及绿色可持续投资的环境因素、涉及股东外其他利益相关权益维护的社会因素和涉及公司内部治理和外部治理表现的治理因素； ESG负面筛选策略：基于ESG准则，低配或规避在可持续发展责任、法律责任、内外部道德责任履行等方面具有较差表现的行业和"黑名单"企业； 负面筛选法：以外购第三方ESG数据库或内部评分体系为基础，将ESG评分应用到现有投资池，构建主体及证券的负面清单，管理人将根据研究结果以及主动判断对ESG负面清单的主体及证券降低投资权重或调仓
华夏理财	ESG评价体系筛选：充分运用ESG评价体系对标的资产进行正面筛选、负面剔除，围绕经济高质量发展实现核心科技突破等方面主动筛选投资标的； 布局ESG相关板块：部分混合类产品重点布局创新科技、消费升级、绿色发展、健康医药等板块，积极响应国家政策，助力国家经济高质量发展

资料来源：普益标准。

兴银理财是国内首批发行ESG主题产品的银行理财子公司，2020年推出首只ESG产品——"兴银ESG美丽中国"后，2021年发行首款私募ESG理财产品专项用于水污染治理项目，还发行了银行理财行业首只百亿元级别的混合类ESG理财产品，单只募集规模超过130亿元，有效服务绿色发展和美丽中国建设。截至2023年5月末，兴银理财管理的 ESG 产品规模已经超过 1500 亿元，形成了“短期+中长期”“纯债+项目+多策略”“固定收益+混合”“开放+封闭”的全方位、多层次产品体系；已经布局多种类型产品，包括偏债混合类产品、项目驱动型产品、项目类产品、中长期固定收益产品、最短持有期和短债产品。在投研体系建设方面，兴银理财一直坚持投研一体化发展战略。在投资决策过程中，运用负面筛选等多种 ESG 策略，规避不符合 ESG 相关要求的公司，加大对 ESG 优质主体的投资力度；公司现有债券库已应用 ESG 评分，还构建了发债主体的负面清单；此外，还与中债公司合作开发了中债—兴业绿色债券指数，多角度地反映绿色债券市场走势，以期能为投资者提供多元化业绩比较基准和投资标的。

第五节　投资中国 ESG：趋势和未来挑战

一　ESG 投资在中国：重要趋势

与许多发达国家早期依靠“投资者需求”的驱动不同，政策规范、监管助力是国内机构践行 ESG 投资理念的强大动力。近年来，我国政府部门正在制定更多的政策和法规来推动企业加强 ESG 的实践及监管，从而使中国的 ESG 投资市场逐渐活跃。

（一）政策体系逐渐完善

中国 ESG 投资市场发展离不开“自上而下”顶层设计和政策推进。

2021 年，证监会发布《修订后的上市公司年度报告和半年度报告格式准则》，整合环境保护、社会责任有关内容（见表 6-15）。港交所刊发《气候信息披露指引》，将气候相关财务信息披露工作组（TCFD）提出的多个主要建议纳入了 ESG 汇报规定。同年 9 月，中共中央、国务院发布《关于完整准确全面贯彻新发展理念做好碳达峰碳中和工作的意见》，明确提出激发市场主体绿色低碳投资活力；健全包括信贷、债券、基金在内的绿色金融标准体系；健全企业及金融机构等碳排放报告和信息披露制度。10 月，国务院印发《2030 年前碳达峰行动方案》，明确提出大力发展绿色股权、绿色贷款、绿色债券、绿色保险、绿色基金等金融工具。

2022 年，有关政府部门纷纷出台 ESG 相关政策，明确对 ESG 理念的响应和支持，从而加快推动 ESG 工具标准化、产品多元化、信息披露强制化以及国际合作融通化进程。党的二十大报告深刻揭示了中国式现代化的丰富内涵，“三新一高”发展要求与环境、社会和治理的本质内涵高度契合，中国 ESG 政策体系正在日渐完善，并在体现中国特色社会主义市场经济的优先 ESG 议题与加强对联合国可持续发展目标（SDGs）的贡献方面同步推进。同年 3 月，“双碳”目标再次被写入政府工作报告，报告提出持续改善生态环境，推动绿色低碳发展；要求有序推进碳达峰碳中和工作，落实碳达峰行动方案。同年，国务院国资委发布《提高央企控股上市公司质量工作方案》，提出建立央企的 ESG 评级体系；国务院国资委成立社会责任局，为国有企业践行 ESG 理念，推动可持续发展提供更有力的组织保障。

2023 年，港交所发布《2022 上市委员会报告》，提出将气候披露标准调整至与 TCFD 的建议以及可持续发展准则理事会（ISSB4）的新标准一致。此外，证监会发布《上市公司独立董事管理办法》，推动形成更加科学的独立董事制度体系，促进独立董事发挥应有作用，助力提升公司治理水平。国务院国资委办公厅发布《关于转发〈央企控股上市公司 ESG 专项报告编制研究〉的通知》（以下简称《通知》）。《通知》关于专项报告编制的内容主要包括《中央企业控股上市公司 ESG 专项报告编制研究课题相关情况报告》《央企控股上市公司 ESG 专项报告参考指标体系》《央企控股上市公司 ESG 专项报告参考模板》。

表 6-15　　资本市场出台的 ESG 政策（2021 年以来）

年份	主体	政策	要点
2021	证监会	《修订后的上市公司年度报告和半年度报告格式准则》	整合环境保护、社会责任有关内容

续表

年份	主体	政策	要点
2021	港交所	《气候信息披露指引》	为促进企业遵守气候相关财务信息披露工作组（TCFD）的建议提供实用指引，并按照相关建议做出汇报
2021	中共中央、国务院	《关于完整准确全面贯彻新发展理念做好碳达峰碳中和工作的意见》	明确提出激发市场主体绿色低碳投资活力；健全包括信贷、债券、基金在内的绿色金融标准体系；健全企业及金融机构等碳排放报告和信息披露制度
2021	国务院	《2030 年前碳达峰行动方案》	明确提出大力发展绿色股权、绿色贷款、绿色债券、绿色保险、绿色基金等金融工具
2022	国务院国资委	国务院国资委成立社会责任局	为国有企业践行 ESG 理念，推动可持续发展提供更有力的组织保障
2022	国务院	“双碳”目标再次被写入政府工作报告	提出持续改善生态环境，推动绿色低碳发展；要求有序推进碳达峰碳中和工作，落实碳达峰行动方案
2022	国务院国资委	《提高央企控股上市公司质量工作方案》	提出建立央企的 ESG 评级体系
2023	港交所	《2022 上市委员会报告》	提出将气候披露标准调整至与 TCFD 的建议以及可持续发展准则理事会（ISSB4）的新标准一致
2023	证监会	《上市公司独立董事管理办法》	推动形成更加科学的独立董事制度体系，促进独立董事发挥应有作用，助力提升公司治理水平
2023	国务院国资委	《关于转发〈央企控股上市公司 ESG 专项报告编制研究〉的通知》	《通知》关于专项报告编制的内容主要包括《中央企业控股上市公司 ESG 专项报告编制研究课题相关情况报告》《央企控股上市公司 ESG 专项报告参考指标体系》《央企控股上市公司 ESG 专项报告参考模板》

资料来源：根据公开资料整理。

（二）监管要求更加严格

在中国，推动并监管 ESG 的主要力量包括证监会、证券交易所、生态环境部门和国务院国资委等机构。近年来，对 ESG 的监管力度逐渐加大。

国务院国资委明确要求中央企业和国有企业披露社会责任报告或ESG 报告，这是推动 ESG 发展的一项关键举措（见表 6-16）。生态环境部门对环境信息披露提出了具体要求，包括信息披露的主体和内容都比以前更加完善。中国人民银行主要规定金融机构必须披露环境信息，并发布了相关的指导原则。证监会和证券交易所对上市公司的社会责任报告、ESG 报告的披露提出了相关要求，涉及的上市公司包括港股上市公司、A 股纳入 MSCI 的上市公司、科创板公司以及其他符合特定条件的沪市及深市上市公司。特别值得一提的是，港交所发布了具体的 ESG 披露指引，这一举措将进一步促使更多的上市公司开始积极了解 ESG 议题，并研究 ESG 对公司业务及运营的影响。这些针对可持续发展和公司治理的更严格措施，将推动更多的上市公司参与到 ESG 的实践中来。

表 6-16　各部门各司其职

推动及监管者	主要职责
国务院国资委	对中央企业和国有企业披露社会责任报告或 ESG 报告提出了明确要求
生态环境部门	对环境信息披露作出了具体要求，信息披露的主体和内容都较以往更加完善
中国人民银行	主要对金融机构披露环境信息提出要求，并发布了相关指南
证监会和证券交易所	主要对上市公司披露社会责任报告、ESG 报告提出了相关要求，包括港股上市公司、A 股纳入 MSCI 的上市公司、科创板公司以及其他符合条件的沪市及深市上市公司。其中，港交所发布了具体的 ESG 披露指引

（三）投资产品日趋多元

中国 ESG 相关投资产品日趋多元化。2011 年以来，中国 ESG 基金产品数量和规模稳步增长。截至 2023 年 11 月 26 日，2023 年 ESG 基金数量已经达到 494 只，规模达到 5263.48 亿元。此外，ESG 主题理财产品发行活跃，在数量呈上升趋势。2019 年第一款 ESG 主题理财产品发行。据 Wind 数据，截至 2023 年 11 月 26 日，2023 年 ESG 主题理财产品存续数量达到 434 只。在 ESG 主题债券的发展方面，国内可持续主题债券市场保持高度活跃。从2015年国内首次推出绿色债券，截至2023年11月26日，中国ESG债券市场总余额达到58281亿元。

（四）参与主体日趋活跃

第一，上市公司逐步将ESG因素纳入其战略规划和业务发展中。《中国上市公司ESG发展报告（2023年）》指出，2023年，有接近1800家A股上市公司单独发布ESG相关报告，披露率超过35%，相较上年有大幅增长。除加强信息披露外，上市公司还积极强化ESG治理，主动践行ESG发展理念。

第二，越来越多的资管机构开始将ESG因素全面纳入投资决策中。首先，资管机构在制定投资策略时充分考虑到ESG因素，通过深入分析公司的ESG表现，评估其可持续发展能力和风险控制能力，以选择更具有潜力的投资标的。同时，资管机构积极参与公司治理，推动公司改善ESG表现，为资本市场的稳健发展提供了有力保障。此外，它们还致力于推动ESG投资理念的普及，通过加强投资者教育、推广ESG投资产品等方式，引导投资者关注ESG因素，推动市场形成更加健康、可持续的投资文化。

第三，投资者日趋关注企业责任，推动资金流向ESG领域。随着ESG理念不断深入，越来越多的投资者，尤其是境外机构投资者，更加关注企业ESG表现、信息披露以及相关风险管理情况，将ESG因素作为投资决策的重要参考，提升了ESG投资的需求。投资者更倾向于将资金投向那些展现出对环境、社会和治理有着良好表现和责任的企业，反过来促进了资金向善，使投资资金向可持续发展的标的流动。

（五）科技助力ESG创新实践

科技在推动ESG创新实践中发挥着至关重要的作用。大数据和人工智能技术可以提高有关ESG的信息和产品的交易效率、降低交易成本、提升服务质量，因此投资者可以更准确地评估企业的ESG表现，为构建ESG数据生态系统提供底层支撑。

2023年3月28日，广州正式推出了首个ESG综合数据服务平台——“3060ESG”，数据覆盖 4000 多只 A 股、2000 多只港股、100 多只美股、8000 多个发债主体以及 1500000 多家非公众企业。这一平台由广州绿色金融服务中心与秩鼎数据合作打造，以“防风险、促经营、强管理、塑品牌”为服务理念，致力于为企业提供全方位的 ESG 解决方案。平台提供了多维度的功能模块，包括深度数据、信息查询、风险监测、情景分析、ESG 披露工具和分析工具等，旨在满足企业在 ESG 领域的各项需求。

该平台提供了及时的 ESG 披露数据、风险信息和舆情资讯，随时可供企业查询。同时，平台支持 GRI、港交所等主要标准，能够输出多种语言的报告，为企业提供 ESG 披露的填报清单指南。此外，平台在线生成报告和数据表，并提供历年 ESG 报告的一站式安全云管理，企业可以方便地管理和维护自己的数据。

二　被投企业的挑战：ESG 实践亟待深化与规范

企业在 ESG 实践中面临着多方面的挑战和问题，这些问题既涉及企业内部的管理体系、信息披露和数据治理，又牵涉与利益相关者的沟通和合作。目前来看，中国企业在 ESG 实践方面存在两个较大的问题：“漂绿”和内部 ESG 管理体系的不健全。

（一）部分企业存在“漂绿”行为

“漂绿”问题指的是企业或金融机构通过虚假宣传或伪造数据，在 ESG（环境、社会和治理）投资中获取较高评级分数，以吸引更多投资。这种行为的动因包括市场需求与信息不对称、制度监管不足以及企业管理者短期逐利。所产生的问题和挑战涉及企业长期价值损害和投资者无法准确评估风险，并对 ESG 建设产生负面影响。

“漂绿”现象的构成需要满足三个条件：

（1）对环境承诺宣称：企业宣称它们在环保方面有承诺或采取了措施。

（2）蓄意误导目的：这些宣称具有故意误导的目的，即企图欺骗投资者或评级机构。

（3）缺乏事实支持而为虚假：这些宣称缺乏真实的事实支持，事实上是虚假的。

总结来说，“漂绿”是一种对 ESG 投资的不道德行为，从数据源头扭曲了 ESG 评级的准确性，对整个 ESG 投资市场带来了巨大的负面影响，损害了透明度、诚信和可持续发展的原则。这种行为不仅欺骗了投资者，还损害了 ESG 投资市场的声誉和可信度，同时也使投资者难以准确评估风险和回报。

（二）企业内部 ESG 管理体系不健全

很多企业尚未建立完善的 ESG 管理体系，缺乏明确的 ESG 目标和实施计划。一些企业可能只是在表面上关注 ESG 议题，而没有将其真正融入公司的战略和运营中。

企业内部 ESG 管理体系不健全体现在多个方面。首先，很多企业缺乏明确的 ESG 目标和战略，这导致企业在 ESG 实践上缺乏方向性和目标性，难以形成系统性的推进。其次，企业管理层对 ESG 理念的理解不够深入，也没有将 ESG 纳入企业的日常管理和决策中。这导致企业在 ESG 实践上缺乏高层领导的支持和推动，也难以形成自上而下的 ESG 文化。再次，很多企业没有建立完善的风险管理和内部控制机制，以识别、评估和管理 ESG 相关的风险。最后，企业与投资者、客户、员工等利益相关方在 ESG 议题上的沟通不畅，缺乏有效的沟通机制和平台。这可能导致利益相关方对企业的 ESG 实践和绩效存在疑虑或误解，影响企业的声誉和信任度。

（三）可能的解决办法

1. 解决“漂绿”问题需要采取综合性的措施，多管齐下

首先，需要加强监管，监管机构应建立更加严格的 ESG 监管框架，加强对 ESG 数据和评级机构的监管，确保其独立性和准确性。其次，企业和金融机构应公开披露其 ESG 数据和绩效，并接受第三方审计，以提高透明度和可靠性。再次，投资者需要加强对 ESG 投资的理解和认知，学会识别“漂绿”行为，并选择真正符合可持续发展原则的投资机会。最后，企业和金融机构应增强道德约束意识，树立良好的商业道德，避免虚假宣传和伪造数据的行为。通过以上措施的综合应用，可以减少“漂绿”问题在中国的发生，促进真正可持续发展的 ESG 投资。

2. 健全 ESG 管理体系

将 ESG 纳入公司的战略规划和运营管理中，明确 ESG 目标和实施计划。通过建立专门的 ESG 管理部门或团队，推动 ESG 实践在公司内部的落地和执行。

三　投资者的挑战：对 ESG 理解有待加强

ESG 投资是一个复杂的过程，需要综合考虑多个因素和挑战：投资者需要逐渐转变观念，从整体出发进行决策，并且在实际操作中需具备衡量非财务指标、与传统投资的协调整合、数据质量管理等方面的全面和综合的能力，只有这样，投资者才能够有效地进行投资整合，并最大限度地实现投资的增值和价值。

（一）投资者关于 ESG 投资的观念较弱

投资整合问题涉及投资者观念的转变。

首先，对于 ESG 投资的接受程度，大部分中国内地投资者还处在理解 ESG 投资的阶段，而非实施这一投资手段的阶段，且对于 ESG 投资整合可以带来高投资回报这一事实，大多数中国内地投资者更关心收益最大化，而非可持续性，部分投资者甚至仍然觉得 ESG 投资会牺牲收益。

其次，对于 ESG 投资需要的整体观，传统上，投资者可能更倾向于独立的、分散的投资策略。然而，在综合性投资整合中，投资者需要从单个项目或企业的角度转变为整体战略和价值链的视角，包括理解和接受整合所带来的风险和挑战，以及对整合后的协同效应和价值增长的期望。目前，由于中国投资者能力不高，整体性观念不强，在决策环节无法融入整体性战略，在风险环节对整合后所带来的风险接受程度不高。

（二）难以与传统投资整合以实现协同效应

在决策的最终阶段，投资整合问题涉及将不同的投资组合或项目整合到一起，以实现协同效应和增加价值。与传统投资相比，投资整合需要考虑更多的因素和挑战。传统投资通常侧重于个别项目或企业的财务表现，而投资整合需要考虑多个项目或企业之间的关系和互动。

这包括考虑整体战略匹配、资源整合、文化融合等方面。在投资整合过程中，投资者需要评估各个项目或企业之间的协同效应和互补性，以确定整合后能够实现的增值机会。同时，投资者还需要考虑如何整合各个项目或企业的资源和运营模式，以确保整体的运营效率和竞争力。此外，投资整合还需要考虑不同项目或企业之间的文化差异和融合问题。文化融合是投资整合中的一个重要方面，因为不同的企业可能有不同的价值观和工作方式。为了实现整合的成功，投资者需要积极引导和管理文化融合过程，以确保各个项目或企业能够共同协作和实现共同的目标。

因此，整合对投资者提出了更高的要求，中国 ESG 投资在这一问题上存在较大的改进空间。

（三）可能的解决办法

1. 投资者观念

一方面，需要依靠外界的宣传和教育，提高 ESG 投资理念的渗透率，配以合适的投资知识手册；另一方面，需要投资者的主观学习，继续增强对 ESG 投资理念的理解和接受，适应新观念和思维方式，相应地调整投资决策和行为，积极寻求合作和协调。他们应该与其他利益相关者进行沟通和合作，以共同制订和实施整合计划。同时，投资者还需要保持灵活性和适应性，随时准备应对变化和挑战。

2. 非财务指标的衡量和投资整合

需要一些高水平的投资机构共同努力，根据长久的投资经验，相互沟通交流，合力制定出相对完善的一整套体系，逐渐形成可以普适化使用的衡量整合标准，为 ESG 生态建设贡献力量。

四　行业投资生态视角：有待完善

ESG 投资涉及评级机构、咨询服务机构、研究机构、数据服务机构、监管机构等多个主体。目前，中国的 ESG 生态系统建设尚处于初级阶段，信息披露质量以及监管体系都有待进一步完善。

（一）信息披露质量有待提高

1. 缺乏统一的信息披露要求

国内 ESG 评级目前处于起步阶段，与国际先进水平相比，在评级指标、评级方法和信息披露等几个方面存在一定差距，评级方法的不同、信息来源的不可靠或评级机构自身的专业水平差异等因素，导致ESG评级缺乏统一、规范和有效的可持续信息披露标准。

由于缺少统一的标准，不同评级机构可能采用不同的评级标准，导致评级结果的一致性较差。此外，尽管一些大型公司已经自愿公开其环境、社会和治理指标，但缺乏强制性的规定使投资者难以比较不同企业之间的ESG表现。

2. 非财务指标缺乏衡量标准

目前，中国对ESG非财务指标的衡量缺乏统一科学的标准，不同投资机构在非财务指标的衡量方面差异较大，甚至仅仅根据是否实施某一项行为以“0”“1”进行评分，而不考虑实施程度和实施效果，导致无法形成合理的差异化结果，无法有效地帮助投资者判断投资标的的ESG水平。

3. 信息披露质量不一

当前，尽管存在一些信息披露要求，但企业提供的环境、社会和治理（ESG）信息的质量和透明度仍然参差不齐。在信息披露领域存在一些问题，这使投资者难以准确评估企业的ESG绩效。有些公司可能只提供基本的ESG数据，而缺乏详细的解释和说明。这种简单的披露方式使投资者很难了解企业的具体做法和成果。例如，一个公司可能声称减少了碳排放，但没有提供实际的减排计划或措施，也没有说明其减排目标是否达到或超出预期。

（二）监管不确定性

中国的ESG投资监管框架相对较新，并且还存在一定的监管不确定性。

中国的ESG投资监管框架的发展仍处于相对初级阶段，虽然中国政府已经开始出台相关法律法规来推动ESG投资，但ESG监管模式有待明确。中国并无统一的ESG监管机构，ESG相关法律法规可能出自不同的国家机构和部门，协调成本较高；在监管模式的两个维度上，目前也没有明确的归属，若依靠ESG投资的自我发展，尚需一段时间。

（三）法律强制性有待提高

中国目前的法律框架多数还是建议性的，缺乏强制性执行力。《证券法》《环境保护法》《上市公司披露管理办法》等法律法规中并没有特别提及 ESG 类的信息，也没有针对 ESG 的专门的信息披露要求，仅在银行间市场交易协会发布的《非金融企业绿色债务融资工具业务指引》、证监会发布的《关于支持绿色债券发展的指导意见》等文件中提到了要对拟投资的产业项目类别、项目认定依据或标准、环境效益目标、资金使用计划、履行扶贫等社会责任相关情况进行披露。但是，这些规范性文件的法律效力并不高，而且缺少细化内容和披露标准，并未明确违反规定的相应后果和责任，强制性不高，难以落实到具体实践中。这些问题使一些企业可能只是进行表面上的 ESG 披露，而缺乏真正的 ESG 整合和改进。

（四）市场成熟度有待提高

尽管中国的 ESG 投资市场在规模和参与者数量上正在迅速增长，但与发达市场相比，仍然存在成熟度不足的问题。

根据对现有成果的研究发现，中国的 ESG 投资主要以基金为主，其中大部分是偏股型基金，而债券型基金相对较少。此外，中国的 ESG 基金以泛 ESG 主题基金为主，其中部分基金有 ESG 概念，但并不符合 ESG 理念的实际要求。

目前中国的 ESG 市场中，机构投资者是主要力量。虽然散户对 ESG 理念的关注度不断提高，但由于缺乏相关知识和最低认购额要求等因素的制约，散户在 ESG 投资中受到一定限制。因此，除加强 ESG 投资产品的开发外，还需不断深化 ESG 投资理念，以促进市场的活跃。此外，ESG 投资涉及评级机构、咨询服务机构、研究机构、数据服务机构等多个主体。目前，中国的 ESG 生态系统建设尚处于初级阶段，这些机构的服务能力和专业水平有待提高。

（五）可能的解决方法

1. 信息披露问题的解决需要多方努力

从数据质量管理角度，一方面，官方建立有效的数据管理和监控机制，以确保数据质量得到持续改进，采用技术工具和系统来开展自动化数据收集和分析，并建立数据验证和审核的程序。另一方面，投资者需要进行充分的尽职调查，以评估所涉及企业或项目的数据来源和可靠性。这包括检查财务报表、市场调研数据、客户反馈等信息的真实性和完整性；培养良好的数据管理文化，使所有参与者都能够理解数据的重要性，并积极参与数据质量的提升。

2. 监管体系建设

从监管和法律体系建设上，中国监管机构可以加强与国际组织和其他发达市场监管机构的合作，借鉴它们在ESG投资监管方面的经验和最佳实践，以协助中国ESG市场的监管体系建设。

3. 促进市场成熟度

中国投资有限责任公司研究院院长陈超指出，除统一的信息披露标准外，中国目前还缺乏具有国际影响力的ESG服务中介机构。要想把ESG投资做大做强，需要形成监管机构、投资者、第三方中介机构"三位一体"的金融生态。在这个生态中，监管机构可以制定合理的政策，为投资者提供指导和支持；投资者可以通过关注ESG因素，进行可持续投资；第三方中介机构可以为投资者提供专业的ESG服务和评级评价。这样的金融生态将有助于推动ESG投资的进一步发展，促进经济的可持续发展。

参考文献

巴曙松、王彬、王紫宇：《ESG投资发展的国内外实践与未来趋势展望》，《福建金融》2023年第2期。

常福强：《易方达基金：把ESG融入投前、投中、投后各个环节》，2019年7月10日，https://finance.sina.com.cn/money/fund/original/2019-07-10/doc-ihytcitm1012234.shtml。

国盛证券：《一文读懂ESG投资理念及债券投资应用》，2020年6月22日。

红狮控股集团有限公司：《红狮控股集团有限公司2021年度第二期中期票据（可持续挂钩）募集说明书》，2021年。

红狮控股集团有限公司：《红狮控股集团有限公司关于"21红狮

MTN002（可持续挂钩）”的可持续发展挂钩债券 2022 年度专项报告》，2022 年。

《国寿寿险：将 ESG 纳入投资分析和决策流程，促进投融资结构的绿色转型标题》，2023 年 5 月 26 日，https：//baijiahao. baidu. com/s？id=1766919799737161955&wfr=spider&for=pc。

可持续准则研究中心：《转型金融产品丨可持续发展挂钩债券》，2022 年 12 月 9 日，https：//mp. weixin. qq. com/s/PI3CCjqEv3DsoaovNGHgVg。

绿色债券标准委员会：《绿色债券标准委员会公告〔2022〕第 1 号》，2022 年 7 月 29 日。

绿色债券标准委员会：《绿色债券标准委员会公告〔2022〕第 2 号》，2022 年 9 月 21 日。

马晨光、齐文暄：《ESG 理念在私募基金投融资流程中的应用》，2022 年 11 月 03 日，https：//mp. weixin. qq. com/s/4DYPeADRSa2LpZtuST-ArQ。

潘虹：《ESG 理念在投资管理中的应用研究》，《金融纵横》2022 年第 12 期。

邱慈观：《新世纪的 ESG 金融》，上海交通大学出版社 2021 年版。

《青岛海水淡化项目入围全球水务行业年度最佳》，2023 年 4 月 23 日，http：//www. shandong. gov. cn/art/2023/4/3/art_116200_583071. html。

上海证券交易所：《上海证券交易所公司债券发行上市审核规则适用指引第 2 号——特定品种公司债券（2021 年修订）》，2021 年 7 月 13 日。

深圳证券交易所：《深圳证券交易所公司债券创新品种业务指引第 1 号——绿色公司债券（2021 年修订）》，2021 年 7 月 13 日。

《充分借鉴海外成功经验　易方达基金锚定 ESG 投资领跑者》，2019 年 10 月 28 日，https：//www. investorchina. cn/article/48535。

《“碳”寻绿色发展　中国人寿投资超四千亿激活新潜能》，2023

年4月29日，https：//finance. sina. com. cn/jjxw/2023-04-29/doc-imyrynmi3968018. shtml。

《兴银理财获评2023年度“ESG践行50·责任理财公司”》，2023年6月14日，https：//finance. sina. com. cn/jjxw/2023-06-14/doc-imyxhiyz0284090. shtml。

《易方达刘晓艳：ESG先前是加分项，如今已是必选项》，2021年8月26日，https：//finance. sina. com. cn/money/fund/jjrw/2021-08-26/doc-ikqcfncc5089278. shtml。

《助力“双碳”目标 发展绿色金融 中国人寿绿色投资规模超过3000亿元》，2022年4月6日，https：//finance. sina. com. cn/roll/2022-04-06/doc-imcwiwst0142629. shtml。

兴业全球基金：《兴全社会责任混合型证券投资基金更新招募说明书》，2020年5月15日。

《中国人寿率先编制保险资管行业ESG债券和权益指数 促进绿色转型》，2023年4月27日，https：//finance. china. com. cn/roll/20230427/5976284. shtml。

中国人寿资产管理有限公司：《业内首创！国寿资产率先建立ESG评价体系并实施评价实践》，2021年12月10日，https：//www. clamc. com/single/10948/8390. html。

中国银行间市场交易商协会：《关于试点开展社会责任债券和可持续发展债券业务的问答》，2021年11月11日。

中金固定收益研究：《ESG在债券投资和评级中的实践与应用》，2021年11月24日，https：//mp. weixin. qq. com/s/ZCw8CLeSwwdcxZCZFMnK6w。

中投公司：《可持续投资政策》，2021年11月17日。

中央财经大学绿色金融国际研究院，每日新闻联合：《中国上市公司ESG行动报告（2022—2023）》，2023年。

Bauer R., Koedijk K., Otten R., “International Evidence on Ethical Mutual Fund Performance and Investment Style”, *Journal of Banking & Finance*, Vol. 29, No. 7, 2005.

Carhart, M. M. , "On Persistence in Mutual Fund Performance", *The Journal of Finance*, Vol. 52, No, 1, 1997.

Fama, E. F. , French, K. R. , "Common Risk Factors in the Returns on Stocks and Bonds", *Journal of Financial Economics*, Vol. 33, No. 1, 1933.

Friede G. , Busch T. , Bassen A. , "ESG and Financial Performance: Aggregated Evidence from more than 2000 Empirical Studies", *Journal of Sustainable Finance & Investment*, Vol. 5, No. 4, 2015.

Revelli C. , Viviani J. , "Financial Performance of Socially Responsible Investing: What have We Learned? A Meta - analysis", *Business Ethics: A European Review*, Vol. 24, No. 2, 2014.

第七章　ESG在中国的未来趋势

一　求同于全球共同话语体系

2023年末，世界气象组织《全球气候状况临时报告》确认，2023年成为有记录以来最热的一年，全球平均气温比工业化前水平高出1.4℃。过去的九年（2015年至2023年）也是有记录以来最热的九年。极端天气和气候事件对所有适居大陆都产生了重大影响，包括洪水、热带气旋、极端高温、干旱、野火等。诺贝尔经济学奖得主威廉·诺德豪斯（William Nordhaus）认为，气候是一种全球公共产品，而目前缺乏要求各个国家参与的机制。

当然，令全球居民紧张的公共问题，不仅是气候，还有产品质量和安全问题、社区公共利益问题、竞争公平问题等。

在这样的背景下，通过金融资本市场的运作，ESG行动框架提供了一个方向大致正确，行动可以逐步推进，企业能从中拿到中期激励，全社会可以从中受益的共识方案。因此，ESG迅速成为全球共识，以一个新投资维度的约束和治理机制，对企业经营活动过程中的环境、社会、治理责任，予以审视。

而这是中国与欧美发达国家、新兴市场国家，为数不多的共同语言之一。从2018年的中美贸易摩擦开始，到2022年的俄乌冲突，主权国家之间竞争博弈加剧。在这样的大背景下，全球贸易、金融市场、产业分工和信息流动秩序重构，各自利益优先是主流思潮。ESG成为为数不多的，各国各方认可，又可以达成共识的利益机制。在生产要素和资源禀赋全球流动的背景下，这意味着，中国企业、投资界需要求同于这个共同话语体系。

近两年，国际ESG领域话语体系“求同”步伐加快。发达国家正逐渐统一ESG信息的披露标准，2023年6月，国际可持续发展准则理事会（ISSB）发布了一套国际ESG信息披露准则，旨在推动建立全球一致、具有可比性的披露标准。同年，欧盟立法通过碳边境调节机制（Carbon Border Adjustment Mechanism，CBAM），要求进口商报告所进口商品对应的直接与间接碳排放量。2023年10月至2025年12月过渡期阶段只报告，不征收。2026年开始，将正式征收碳边境调节机制下的碳费用，业界俗称“碳关税”。另外，欧美国家还加大了在误导性ESG信息披露、“漂绿”行为方面的打击力度。近年来的这些措施，提高了中国在国际贸易、投资经营和海外资本市场参与等方面的门槛，增加了中国企业国际化过程中面临的合规风险。在这个全球话语体系下“求同”，成为中国企业的必选项。

ESG虽然是“舶来品”，在企业外部和内部利益驱动下，近年来中国市场行动迅速。2016年中国加入联合国责任投资原则组织的机构数量不足5家；至2023年底，已快速增加至接近140家。公司披露ESG报告比率，也从不足15%，上升至2023年的33.8%。虽然和国际ESG标准、覆盖情况还有差距，但中国企业正在快速转变意识，将ESG理念融入企业长期战略，在业务中关注并积极参与可持续发展。正如中财绿指首席经济学家施懿宸所述：要当全球一流企业的话，回避不了ESG。在全球供应链重构过程中，ESG一定是不可或缺的，而且是竞争力。[①] 在未来，中国企业和投资界的ESG实践，将继续向国际话语体系靠近。

不过，在将ESG实践落到实处时，中国和国际话语体系达成一致意见是有难度的。不同地区的文化和意识形态背景，导致国内外话语体系存在一定的差异性，尤其在社会议题和治理议题上。比如，在社会责任方面，中国对于酒文化的态度普遍正面，酿酒企业常处于地方经济的领导者，广告也频现黄金时段。而美国因为酗酒问题和历史禁酒令的影响，对酒的看法则偏向负面，这种文化差异直接影响了酿酒

① 来自中财绿指首席经济学家施懿宸在“2023网易财经ESG趋势论坛”上的发言，详情见：https：//www.163.com/money/article/IGEI3KBU00259Q9J.html。

行业企业的ESG评价体系。再比如，中国在精准扶贫和乡村振兴等议题方面，看重企业对于社区和全社会的贡献，但是国际ESG评价体系却难以量化这些指标。在向国际话语体系靠拢的过程中，解决的关键在于制定既与国际接轨，又能反映中国特色的ESG评价体系，在评价过程中平衡好普遍性与特殊性。

二　国内监管和标准趋于统一

随着全球对可持续发展关注度的提升，各国正积极推动各自的ESG评级和标准的落地。短期内，监管政策和ESG披露标准、评价标准，处于发展的关键阶段。根据气候变化信息披露标准委员会（CDSB）的统计，过去25年间，不同国家和地区陆续推出了1000多种ESG相关的报告披露要求和披露指引文件。在中国，就有环境监管部门、金融监管部门、交易所三类机构发布的60多个相关文件出台。国内外ESG标准和指引五花八门，统一基础标准缺位的现实，让企业和相关利益者感受到了极大的困扰。

在中国，当前尚未形成强制性的ESG信息披露标准，上市公司的ESG信息公开不是强制的，且披露的规则和指南缺乏统一，导致ESG投资的数据基础不牢固，ESG评级的监管机制也未建立。例如，在生态环境信息披露方面，多个部门如环保部门、交易所、证监会、人民银行、国资委等各自推出了自己的披露制度和规范，让企业面临多重监管，无所适从。

此外，中国在有效推动ESG投资方面，统一的政策和标准仍需加强。目前还未为养老金、保险公司等主要资产持有者提供足够的ESG投资指导和激励措施，金融机构在ESG风险管理方面缺乏明确的政策导向。同时，投资顾问和私人财富管理机构往往没有将ESG因素整合入其咨询和建议中。在ESG资产管理产品的监管上存在空白，没有具体的监管要求去界定ESG资管产品的分类和信息披露标准，这使“漂绿”的风险较高。

中国的ESG监管和标准框架正在逐步完善和趋于统一，这是短期内的重要趋势。在全球范围内，由政府层面推动ESG领域标准制定，是比较普遍的，中国也不例外。当前中国在制定统一的ESG准则方面还处于初级阶段，这为标准化提供了难得的机遇。国内的政府部门、企业、研究机构等多方应共同把握这一契机，通过跨部门的合作，推动 ESG 准则的标准化进程。

在努力统一 ESG 监管标准的进程中，中国需考虑到各自在环境保护、社会责任和公司治理方面的独特需求和重点，以确保制定的标准既具有普遍适用性也贴近实际需要。虽然目前评估体系的多样性，可能会导致市场的混乱和不确定性，但各方——包括标准制定者、企业、投资者以及其他相关方——都需要保持开放态度和适应性，积极参与到 ESG 标准的制定和实施过程中，共同促进 ESG 的稳健发展。

三 投资逐步形成正反馈效应，提升个人投资者参与度

根据国际权威基金评级机构晨星（Morningstar）的数据，截至 2022 年年底，全球 ESG 基金资产总额达 2.5 万亿美元，存续基金产品数量超 7000 只，较 2021 年同期增长 18%。根据彭博调查，预计 2025 年全球 ESG 投资规模将达到 50 万亿美元，占 2025 年全球总资产的 1/3。多项预测表明，ESG 投资规模将在未来 2—3 年急速增长。中国也不例外。中国的 ESG 投资大约从 2015 年开始兴起，2019 年仅有不到 1%的资管公司将 ESG 因素纳入投资分析框架，该比例在 2020 年已上升至 16%。

理论上，良好的 ESG 表现与企业盈利能力、创新能力和抗风险能力有着密切的关系。这也意味着投资者可以通过 ESG 投资来实现环境保护、社会责任和治理目标，同时获得稳健的投资回报，可以形成正反馈效应。但是在现实中，A 股上市公司的财务绩效与 ESG 表现并非总是线性的，不同时间维度的研究结论差异较大。2015 年至 2020 年，关于全球可持续投资的财务回报的研究，无论是聚焦企业还是投资者视角，都呈现出相似的定性结果。大约有一半的研究指出，ESG 与企业财务回报之间存在正向关联，而另一半的研究发现这种相关性较弱。因此，ESG 与企业财务表现以及投资回报之间并未形成广泛共识。但有一个显著的趋势值得注意，即与 2010 年至 2015 年的研究相比，认为 ESG 与企业财务回报正相关的研究数量有显著增加。当前，对于中国的大多数企业来说，对 ESG 的投资可能会造成一定程度的资

源浪费，从而影响短期盈利能力的事实，使许多企业难以主动布局 ESG。

如果 ESG 投资损害了公司股东的利益，那么这种所谓的“社会责任投资”可能就变成了一种不负责任的行为。北京大学光华管理学院院长、经济学教授张维迎的《市场的逻辑》一书 2010 年出版时，正值前一波清洁能源投资热潮，但书中的许多观点直到今天仍然适用，“很多人在谈论企业社会责任的时候，说教和煽情的成分很多，理性分析很少，这会产生一些误导。这种误导可能使我们的商业环境变得更糟，而不是更好”。

核心问题集中在企业进行 ESG 投资的财务绩效和回报上。这个议题至关重要，因为在追求 ESG 的同时，企业仍需关注其核心业务。投资界关注的是，那些重视 ESG 的企业，在财务绩效上将表现如何。在 ESG 正反馈形成之前，ESG 投资效果与财务表现之间没有所谓的超额回报 Alpha，是 ESG 本身难以得到投资者广泛认同的重要原因。从全球角度看，欧美许多国家的 ESG 发展已经进入自我强化的过程，在这一过程中，形成正反馈机制，是 ESG 投资推动企业公共产品提供的关键。

未来一段时间内，中国处于形成这样 ESG 投资正反馈的过程中。我们将看到越来越多的资产管理公司和投资基金把 ESG 纳入其投资策略和流程，ESG 投资被认可为一种有效的投资策略，并且能通过投资者的筛选，成为能产生超额回报的沃土。

此外，当前中国 ESG 投资主要由机构投资者驱动，个人投资者的认知度、参与度还不高，在未来还有进一步提升空间。2023 年 12 月，笔者与香帅数字经济工作室联合进行了 ESG 个人投资相关调研，回收了 1.7 万份在线答卷，基本情况如图 7-1 和图 7-2 所示。中国个人投资者不了解 ESG 的，占到了绝大多数，占比高达 76.4%。有一定了解，但在投资中不考虑 ESG 因素的个人投资者占 17.6%。也就是说，在中国，仅有 6.0%的个人投资者认知到了 ESG 的重要性，并且愿意践行 ESG 投资策略。

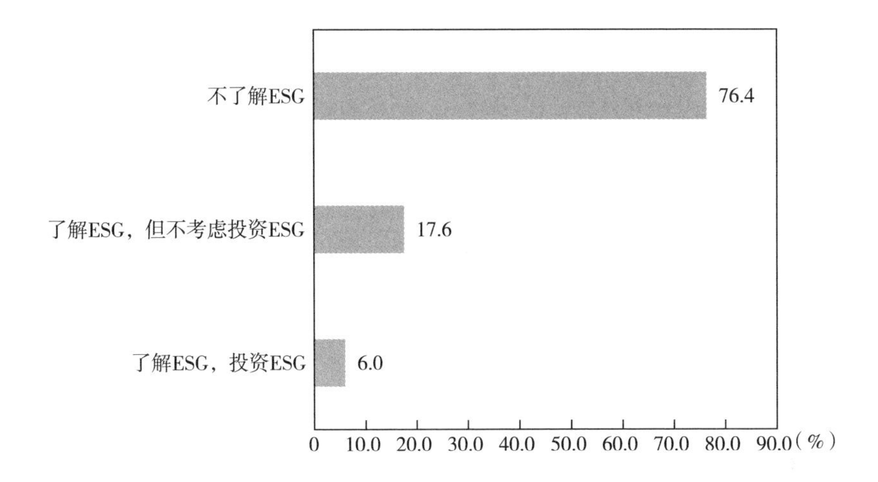

图7-1 个人投资者对ESG投资的认知和应用情况

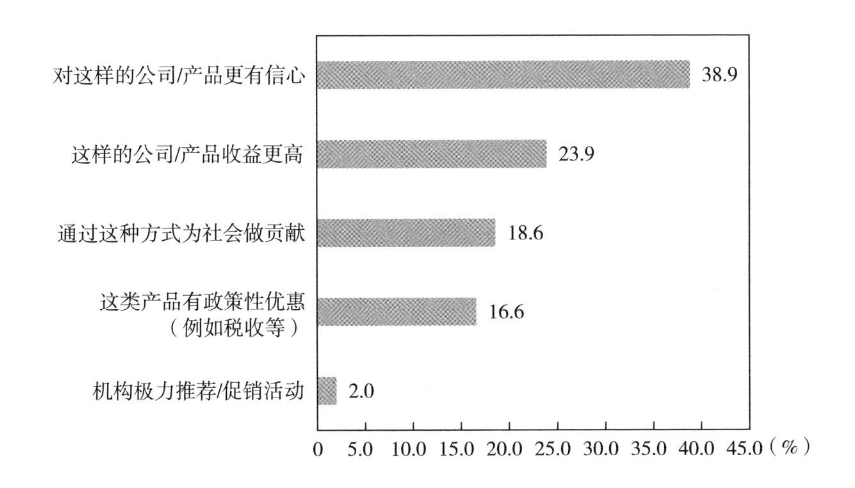

图7-2 个人投资者进行ESG投资的原因

个人投资者践行ESG投资策略的原因众多。从调研结果来看，大部分投资者都是因为非回报因素。采取ESG投资策略，是因为投资回报更高的投资者占比仅为23.9%。以上两个基本事实，既与中国ESG投资产品服务供给规模有限有关，也与对ESG理解和重视程度有关。一方面，监管部门尚未对投资管理机构提出具体要求。另一方面，我国个人投资者对ESG投资的认知水平有限，部分人甚至存在一定误区。

四　大带小，驱动产业链ESG

当前，中国大企业的ESG报告披露情况、评级情况，均优于中小企业。在中国A股市场上，大市值公司集中的沪深300指数成分股中，ESG报告披露率高达90%，而中小市值公司集中的中证1000指数成分股中，ESG披露率仅30%左右。大企业受到公众更多的关注，承受更大的公众压力。此外，大企业受益于规模经济效应，披露、实施ESG行动的成本，比中小企业相对更低。

未来，大型企业在ESG行动方面，将呈现更强的影响力和示范效应，并且作为推动者辐射中小企业。这些大企业凭借其庞大的市场影响力、领导地位，以及广阔的供应链网络，在环保标准的设定和推广、净零排放技术研发等方面将发挥重要作用，其业务决策和行为准则也将影响数量庞大的供应商以及其他产业链合作伙伴。绿色贸易作为“促经济”与“保环境”实现平衡的重要方式，鼓励企业生产和供应环境友好型的产品和服务。

国际上，以苹果产业链为例，3万亿美元市值的苹果公司是推动其产业链中上千供应商执行ESG行动、规范产业链上下游企业的关键玩家。苹果公司对供应商的要求由强调技术、成本、质量等生产能力，逐步纳入对供应商可持续发展现状的综合考量。为了评估供应商是否遵循这些责任准则和标准，苹果公司每年都会采用现场审计、管理层访谈、员工访谈和审核文件等多种方式对供应商进行打分，评估机制包括超过500项的评测标准。供应商长期和严重的违规行为，可能威胁到其与苹果的商业关系，甚至可能导致合作关系的终止。自2009年以来，苹果已经因为供应商拒绝参与或未能完成审核，将24家生产厂商以及153家冶炼厂和精炼厂从其供应链中剔除。

在中国，类似于苹果角色的大企业也正在加强自身在供应链上的ESG行动引领能力。以中国的美的集团为例。2022年，美的围绕“社会责任审查、有害物质管控、节能减排、绿色制造赋能”四个维度，持续推进供应链上的绿色采购工作。美的要求所有采购的原材料及零部件产品均需符合有害物质管控法规要求，并且从在线精细管控、可追溯和事故快处理三个维度管控流程，严格把控供应商的质量。供应商需提供物质检测报告，确保原材料及零部件产品符合相关环保法规。在节能减排降碳方面，美的组织供应商开展碳排查工作，完成了 4324 家供应商碳排查数据的收集，包括直接温室气体排放、能源间接温室气体排放等方面的排查。并在 2022 年组织了两轮供应商绿色战略培训，参与供应商超 1000 家。美的从行业标准、监督机制、惩罚机制设置上，改变供应商的 ESG 战略和行动。

在未来，大企业将继续在 ESG 行动、报告透明度和标准化方面，扮演更加强大的角色，成为其他中小企业的榜样，引领其他中小企业共进。这些领先企业不仅因其重要的市场地位和影响力，还通过其广泛的供应链网络，在推动环境保护标准、发展净零排放技术等方面起到关键性作用。它们的商业策略和操作准则，将对众多供应商和产业链上的合作伙伴产生深远影响。它们是增进企业与供应链上下游、社区、社会大众的关系，推动更多企业执行 ESG 行动的重要战略抓手。

五　人工智能和大数据技术协助 ESG 生态

2023 年以来，数字技术飞速发展。在 ESG 领域，人工智能和大数据技术在捕捉、识别、分析 ESG 行为信息方面，有了更多的应用场景。在大数据技术的助力下，未来企业的数据采集将不再仅限于财务报表和 ESG 报告所披露的信息，可以通过第三方数据更准确地观察和理解企业的实际情况，数据源将变得更加多维和全面。

此外，借助人工智能技术，如 Google Bard、ChatGPT、LaMD 等先进的大型模型处理能力，可以快速提取和分析有效信息，提升对非结构化信息的处理能力，识别 ESG 信息和相关风险。人工智能技术能够帮助企业分析庞大的数据集，支持企业在减少环境影响、改善社会效益以及加强治理结构方面做出更为明智的决策，

在环境层面，人工智能技术可以通过分析卫星图像和其他数据来源，追踪森林砍伐活动、定位污染源头，以监测气候变化对生态系统的影响。这些深度的洞察力使公司能够更深刻地认识到它们对环境的实际影响，并据此制定相应的策略，来减少碳足迹和其他环境危害。此外，人工智能技术还可以助力于收集企业的内部能源消耗和碳排放

数据，进而支持企业在财务报告和其他发布形式中，作出准确的披露。

在社会责任层面，企业可以利用多模态等新技术，识别从视频到语音各种格式的内容，监测如小红书、抖音、快手等平台的社会动态。企业可以分析社交媒体和其他在线平台的公众关注焦点、公众情绪，并识别出与企业业务相关的新兴社会问题。这些信息有助于企业更主动地解决社会问题，并改进其社会效益。

在治理层面，人工智能通过分析财务数据和其他相关信息，能够识别潜在的风险和利益冲突，这些可能会改进公司的治理实践。这样的分析有助于企业强化内部控制机制，提高运营透明度，并改善整体的治理架构。通过这种方式，人工智能为企业提供了加强治理和减少公司治理风险的工具。

不过，人工智能技术并非解决 ESG 问题的灵丹妙药。技术本身可以提供有价值的见解，但它不能替代人类的判断、决策和执行。公司仍需要确保它们拥有强大的治理结构和执行能力，让 ESG 战略和业务顺利推进。不过，辅助公司 ESG 业务的人工智能工具也开始面世。2023 年 12 月，纳斯达克交易所宣布推出 ESG 平台 Sustainable Lens。作为数据驱动的平台，Sustainable Lens 已经纳入超过 9000 家公司的 ESG 数据，可以帮助企业制定最优决策，对比竞争对手的 ESG 进展，并专注于企业可持续发展。就像人工智能技术辅助人类工作一样，人工智能技术也将在未来，成为帮助企业执行 ESG 行动、投资公司分析 ESG 信息的重要协助工具。